U0298654

深度学习

触摸屏

应用技术

章祥炜　岳媛　浩天　编著

化学工业出版社
·北京·

内容简介

本书基于西门子精简系列和精智系列触摸屏，集成 S7-1200/1500 PLC 及 TIA 博途自动化软件，详细介绍了触摸屏的组态方法及在工程实践中的应用，具体内容包括：触摸屏监控画面的编辑组态操作过程、博途软件的语言管理和应用、博途软件的变量和变量表的使用、博途软件实现动画功能的基本方法、PLC和触摸屏集成系统中的配方及配方视图的使用、使用区域指针实现 PLC 和触摸屏之间数据信息交互的方法、触摸屏和 PLC 集成控制系统中日期和时间管理的应用、触摸屏和 PLC 集成系统中数据记录的功能及用法、触摸屏画面图形和动画的绘制组态综合实例。

本书内容专业性和实用性强，案例丰富典型，图表直观易懂，讲解细致入微，非常适合自动化工程师及从事机电设备控制系统设计、维护的技术人员学习使用，同时也可用作大中专院校、职业院校相关专业的教材及参考书。

图书在版编目（CIP）数据

深度学习触摸屏应用技术/章祥炜，岳媛，浩天编著. —北京：
化学工业出版社，2021.2
ISBN 978-7-122-38080-7

Ⅰ.①深…　Ⅱ.①章…②岳…③浩…　Ⅲ.①触摸屏-教材
Ⅳ.①TP334.1

中国版本图书馆 CIP 数据核字（2020）第 244604 号

责任编辑：耍利娜　　　　　　　　　　文字编辑：林　丹　蔡晓雅
责任校对：李雨晴　　　　　　　　　　装帧设计：王晓宇

出版发行：化学工业出版社（北京市东城区青年湖南街 13 号　邮政编码 100011）
印　　装：三河市延风印装有限公司
787mm×1092mm　1/16　印张 14　字数 364 千字　2021 年 3 月北京第 1 版第 1 次印刷

购书咨询：010-64518888　　　　　　售后服务：010-64518899
网　　址：http://www.cip.com.cn
凡购买本书，如有缺损质量问题，本社销售中心负责调换。

定　　价：58.00 元

前　言

目前，世界各主要工业化国家都在深化互联网与工业、服务业的融合发展。美国提出了偏重软件的"工业互联网"计划，德国颁布了偏重硬件的"工业 4.0"计划，中国则制定了《中国制造 2025》顶层设计发展规划及 11 个实施行动指南等配套文件，并全面转入实施阶段。各国工业发展规划殊途同归，都指向了制造业互联网化和智能化。智能化中的一个非常重要的环节就是人机交互，人机交互的方法屈指可数：鼠标交互、触摸交互、语音交互等。在各种各样的实际应用环境中，触摸屏设备和应用技术当是佼佼者。

随着计算机技术、工业互联网技术和半导体显示技术的蓬勃发展，各种品牌的触摸屏、控制面板等人机交互设备以创新的设计、丰富的功能和宜人、安全、可靠、通用的应用体验，融合并突出工业互联网技术的应用，不断推陈出新，竞相争奇斗艳。

西门子公司是全球知名的工业自动化技术和产品的供应商，执全集成自动化技术之牛耳，以卓越的技术底蕴和品质引领最新技术潮流，旗下各种款式的触摸屏、控制面板（西门子公司定义并统称为 HMI 设备）在中国矿山、交通、医院、建筑等领域获得广泛应用。其推出的精简/精智系列（Basic/Comfort）触摸屏，连同新型 S7-1200/1500 PLC，在博途自动化工程软件（TIA Portal）中集成，可以方便、高效、快捷地组态设计构建自动化、智能化控制系统，去完成中小型机电设备、大中型成套机械设备的工艺控制任务。

除此之外，HMI 和 PLC 也是 MES 制造信息管理执行系统的骨干设备，是工业制造技术与互联网技术融合的节点，不仅应用于过程控制、运动控制等，也可以给企业管理创新提供强力支持。现在，很多企业，特别是中小型制造企业的生产过程，与 MES 系统的要求还有不小的距离，如果能因地制宜地利用 HMI 和 PLC 的智能化、可编程性深入挖掘，对生产和管理系统进行改造升级，对于提升企业综合管理水平将大有裨益。

我们于 2017 年编写出版了《触摸屏应用技术从入门到精通》一书（ISBN：978-7-122-29321-3）。该书受到了读者朋友的广泛认可，至今已印刷 7 次。考虑到该书主要针对的是入门级的读者，加之这几年间触摸屏的应用技术也有了一些新的发展，为了帮助广大读者更加深入地学习和使用触摸屏及其与 PLC 的集成应用，我们又组织一线工程师编写了这本书。本书面向实际项目应用，采用通俗易懂的语言、大量的图表和操作案例，循序渐进，系统详细地讲解了运用博途自动化系统设计软件编辑组态精简/精智系列工控触摸屏的思路、技巧与具体的操作步骤，以及西门子触摸屏与 S7-1200/1500 PLC 控制器集成应用的相关知识。

本书由章祥炜、岳媛、浩天编著，昊迪、岳菲凡、高宁、孙宁、罗平、廖世宏等人也为本书的编写做了大量资料整理等工作。另外，还要感谢西门子公司的技术人员和技术论坛版主、"大侠"们的指导和帮助，也感谢章文对组稿过程的悉心指导。

由于知识水平和经验有限，书中难免有疏漏之处，敬请读者朋友批评指正。编者邮箱：zxw978@163.com。

编著者

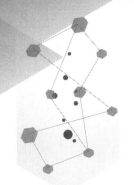

目　录

第三章　变量和变量表　　　　　　　　　　　　　　/ 038

第四章　由"动画"属性编辑画面基本动画　　/ 065

第五章　触摸屏和 PLC 集成系统中的配方及配方视图　/ 082

第六章　触摸屏和 PLC 集成应用区域指针交换数据　/ 092

第八章　PLC 和触摸屏的数据记录

第九章　HMI 画面图形和动画的绘制组态

第一章
触摸屏监控画面

第一节　精简屏和精智屏的画面对象

　　HMI（人机接口）设备上的监控画面因不同行业工艺设备系统的不同可以设计组态成很多种，西门子精简屏（如 KTP900 Basic）和精智屏（如 TP900 Comfort）面向不同的工作任务，能够实现的功能不同，因此能够设计组态的画面及画面功能亦不同。精简屏面向常规通用控制任务；精智屏具有更多的画面对象和功能，主要应用在复杂高端的控制任务系统中。

　　打开博途 HMI 设备设计组态软件，在"项目视图"右侧的"工具箱"选项卡窗格，可以看到精简屏和精智屏能够组态使用的画面对象有所不同，如图 1-1-1 所示。

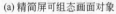
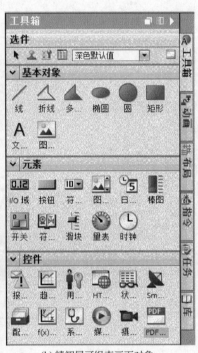

(a) 精简屏可组态画面对象　　　　(b) 精智屏可组态画面对象

图 1-1-1　触摸屏的画面对象

　　"工具箱"选项卡中有"基本对象""元素""控件"等选项板，每个选项板（也称展板）上有许多图标示意的选项，通过鼠标拖拽或者双击的操作，可以将这些选项应用到需要组态的触摸屏画面上，这些选项统称为画面对象。

　　"基本对象"展板中的画面对象主要是画面图形或表格的基本构件，用来组织画面的基本布局。例如使用"线"和"矩形"等组合成控制流程示意图或机器设备工作原理简图；当画面上需要文本字符标注或说明时（支持多种语言），可以将"文本域"拖拽到画面的合适位置，然后在其属性中输入文字字符；当需要图片（支持多种常见格式图片）展示说明时，可使用"图形视图"画面对象，事先用 Visio（Microsoft Office Visio）或专业绘图修图软件 AI（Adobe Illustrator）、PS（Adobe Photoshop）、AutoCAD 等绘制编辑好图形，载入"图形视图"中显示。

　　"元素"展板中的画面对象是控制系统中常见的基本控制器件，这些器件都与 PLC（可编程逻辑控制器）控制系统的变量紧密相连。例如"按钮""开关""量表"等。组态使用

"按钮"用来接收或发出操作者的控制命令,"I/O 域"用来输入(设定)或输出(显示)PLC 控制系统中变量的值(数值或字符),如果想模拟一个电位器(设定一定范围内可以连续变化的量值)的操作,可以组态使用"滑块";想显示一个活泼具有动态变化效果的 PLC 模拟量值时,可以使用"棒图""量表"等。

"控件"展板上的画面对象都是具有一定控制功能和运行机制的选项,HMI 运行系统通常要为它们分配一定的数据缓冲区,用来存放"控件"对象所需的大量的现场实时信息数据。《触摸屏应用技术从入门到精通》一书介绍了"报警视图""趋势视图""用户视图""PDF 视图"和"配方视图"等,基本用法为免重复不再赘述,在后续章节再介绍一些实例。

每个画面对象都具有不同的作用和功能,各有自己的属性、事件、动态性等,它们有机配合起来组成画面,实现工艺设备系统所要求的画面功能。

第二节 精简屏监控画面的组态编辑

一、精简屏监控画面

图 1-2-1 是精简屏(KTP900 Basic)组态编辑的工艺设备监控画面。

① "项目标题"栏标注企业 LOGO 和设备控制系统名称。分别由"基本对象"选项板中的"图形视图"和"文本域"构成。

② "标签"由"文本域"构成。画面中编辑了很多"文本域",其属性参数不同设置在

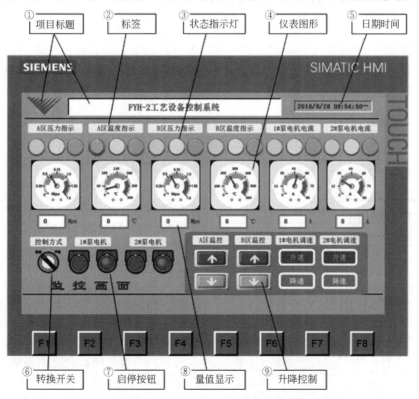

图 1-2-1　KTP900 Basic PN 精简屏上的监控画面

画面中呈现不同的显示效果。

③ "状态指示灯"用来显示所监测过程量的状态。当过程值处于过小、正常、过大时，相应的黄灯、绿灯、红灯分别亮起示意过程值的不同状态。它是由三个载有指示灯图片的"图形视图"构成的。

④ "仪表图形"可通过仪表图形动态显示过程量的状态，当过程值处于过小、正常、过大时，仪表指针指在白色、绿色和红色区域。即在"图形视图"中放置指针表的图形图片，每个过程量仪表由三个载有指针表图片的"图形视图"叠加在一起构成。

过程量动态值在画面中的显示也可以通过"元素"展板中的"棒图"或"图形 I/O 域"实现。

⑤ "日期时间"自动显示系统的日期和时间。由"元素"选项板上被称为"日期/时间域"的画面对象构成。"日期时间"和"项目标题"编辑组态在"模板"上，可以作为背景使用在项目的任何一个画面上。

⑥ "转换开关"设置系统工作在"自动"或"手动"操作模式，单击此开关，旋钮转动，由一个"元素"展板上的"开关"画面对象组态而成。这里表示工作模式的转换。

⑦ "启停按钮"用来启动和停止电动机。由四个"图形"模式的按钮组成。

⑧ "量值显示"显示过程量的运行值。由"元素"展板上的被称为"I/O 域"的画面对象构成，"I/O 域"常用来在画面中作为输入或显示输出数值、日期时间或字符串使用。

⑨ "升降控制"按钮区域用来操作控制各过程量增加或减少，当需要增大过程量时，按下有上升箭头或标有"升速"字符文本的按钮，反之亦然。左四个按钮组态为"图形"模式；右四个按钮组态为"文本"模式。

二、监控画面中图形素材的制作

前述监控画面中组态了很多"图形视图"画面对象，"图形视图"的作用是在 HMI 设备中展示图形图片。"按钮""开关""I/O 域"等画面对象在组态时也经常使用图片，因此组态这些对象前，需要准备好图形图片。出版物、网络上有大量的图形图片素材可以参考借鉴，但常不适用，经常需要绘制和编辑新的图形图片。为形象、准确、美观地表现适用的图形图片，学习和使用图形图片绘制、处理软件是十分必要的。

1. "仪表图形"

在 Visio 中，备有成百上千的基本图形形状，按照行业、专业领域的划分，存放在不同的"模具"（等同于前述博途软件画面对象的展板）中。绘制图形时拿来就用，可方便调整其颜色、大小、位置和角度等，大大提高了绘图及编辑效率。

在 Visio 绘图工作区，图形图块按照绘制生成的先后次序可以叠放在一起。即使不叠放，图形形状亦位于不同的"剖面"内。当叠放在一起时，后生成的图形会遮盖先前生成的图形。

图 1-2-2 所示的"仪表图形"是由 5 个图形和字符标签对正叠放在一起构成的。

① 打开 Visio 软件（Visio 2007 版式），将

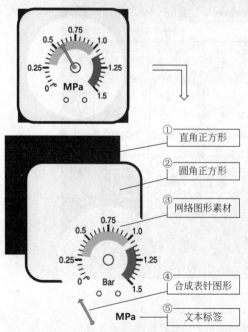

① 直角正方形
② 圆角正方形
③ 网络图形素材
④ 合成表针图形
⑤ 文本标签

图 1-2-2 "仪表图形"的构成

"基本形状"模具中的"正方形"形状拖拽到绘图工作区，在"大小和位置窗口"将其大小设置为 55mm×55mm，执行"格式"→"填充"菜单命令，将其填充色设定为黑色。

② 再拖拽一个"正方形"形状到工作区，大小设置同上，填充色默认，执行"格式"→"线条"命令，将其边线条加粗并修圆。

③ 为提高制图效率，常用插入现存的图片合成新图片。单击执行"插入"→"图片"→"来自文件…"，在自己的图片素材文件夹中，找到图片素材，插入该图片。

④ 将 Visio"基本形状"模具中的"60 度单向箭头"和"圆形"形状先后拖拽到绘图工作区，调整大小并拼叠在一起。鼠标框选这两个图形，执行"形状"→"操作"→"联合"菜单命令，两个形状就合成为一个新形状（仪表指针）。

⑤ 因插入的素材图片不可编辑，而其示值单位为"Bar"，需改为"MPa"。单击执行"插入"→"文本框"→"水平"命令，在文本输入区输入"MPa"字符。在合成图片时，用此字符标签覆盖图中的"Bar"。

在 Visio 中，通过鼠标拖拽将上述 5 个图形及字符标签，对正叠放在一起，每个图形的准确位置也可参考图形的"大小和位置窗口"中的坐标参数。放置好后，鼠标框选所绘合成图形，单击执行"形状"→"组合"→"组合"命令，"仪表图形"就绘制好了。

2. "转换开关""启停按钮""升降控制按钮"图形绘制

"监控画面"中使用的"转换开关""启停按钮"和"升降控制按钮"等图形的绘制编辑方法同理，如图 1-2-3、图 1-2-4 所示。也可以通过 AI、PS 等软件绘制。

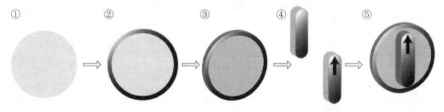

图 1-2-3　"转换开关"的绘制

图 1-2-3 的转换开关是在 AI 中绘制的。这里简述绘制过程，使初学者对 AI 的绘图作业方法有一个入门认识。

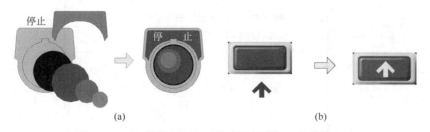

图 1-2-4　"启停按钮"和"升降控制按钮"的编辑合成

① 鼠标指针单击 AI 软件"工具面板"中的"椭圆工具"，按住"Shift"键，鼠标在画板上拖动出一个直径约 22mm 的圆形，单击"工具面板"中的"填色（X）"按钮，使当前操作处于待填色状态。打开"色板"面板，单击选择红色，即为圆形填入红色。

② 打开"描边"面板，在"粗细"参数格中选择/输入 2.5mm，可以预览到圆形边线变粗。单击"工具面板"中的"描边（X）"按钮，使当前操作处于修饰描边状态，打开"渐变"面板，选择渐变类型为线性，配色为灰白渐变，角度为 −45°（即高光区在左上方）并将高光区面积调小些。

③ 圆形仍处于选中状态（或选用"工具面板"中的"选择工具"，选择该圆形），鼠标

单击执行菜单"效果"→"3D（3）"→"凸出和斜角"命令，弹出对话框，在"突出厚度"参数格中输入10，单击"确定"。

④ 选用"工具面板"中的"圆角矩形工具"，在画板空白处拖动出圆角矩形，同样为其配置灰白渐变，角度－45°，然后做上述3D效果操作，"突出厚度"参数格中输入20。选用"工具面板"中的"直线段工具"，拖动绘制直线，在"描边"面板中，设定粗细为2mm，并在"箭头"参数格选择箭头，将其拖拽到图示3D圆角矩形上。

⑤ 选用"工具面板"中的"选择工具"框选带箭头的圆角矩形，拖拽到3D圆形上。可用键盘上的四个方向键微调其位置。

"启停按钮"图形可用Visio或AI绘图软件制作，按钮面上的浅色小圆形表示按钮被操作，内置指示灯亮起。

三、监控画面的组态编辑

准备好"监控画面"中需用的图片后，在博途软件中编辑组态该画面。

"项目视图"是博途自动化项目组态软件的主要工作界面，主要由"项目树""工作区""属性编辑"和"选项板"等窗格构成。如图1-2-5所示。

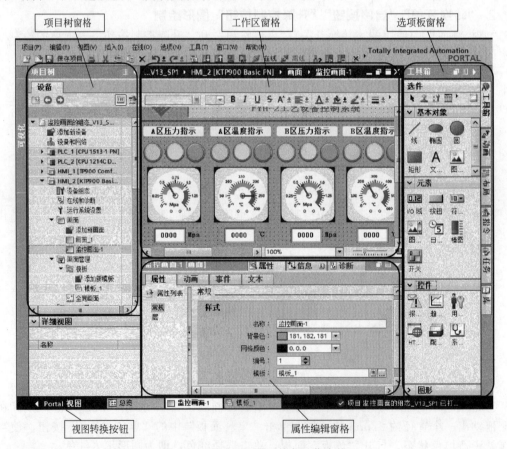

图 1-2-5 "项目视图"的各工作窗格

 步骤一

创建含有HMI设备的项目　双击打开博途自动化设计组态软件，创建一个名称为"监控画面的组态"的 HMI 项目文件，进入"项目视图"工作界面，在左侧"项目树"窗格中，双击"添加新设备"编辑器图标，为该项目添加一个 KTP900 Basic PN 的精简屏设备，设备名称默认。"监控画面的组态"项目的项目树窗格，如图 1-2-6 所示。

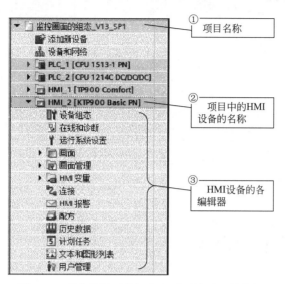

图 1-2-6　"监控画面的组态"项目的项目树窗格

步骤二

编辑组态画面模板和添加"监控画面-1"新画面　如图 1-2-7 所示。

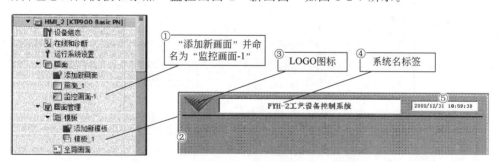

图 1-2-7　添加"监控画面-1"和编辑"模板 _ 1"

① 双击"画面"→"添加新画面"，系统自动生成一个空白的新画面，右键快捷命令重命名为"监控画面-1"。待编辑。

② 双击"画面管理"→"模板 _ 1"，打开该空白模板画面进行编辑。图示为编辑后的模板画面。

③ 在其左上角粘贴 LOGO 图标（可以直接复制粘贴操作，也可以通过"图形视图"画面对象插入），可直接用鼠标调整其大小和位置。

④ 将"项目视图"右侧工具箱里"基本对象"中的"文本域"拖拽到模板画面上，调整大小和位置。在当前视图下方的"属性"窗格，编辑组态此"文本域"的属性等参数，如图 1-2-8 所示。大多数画面对象的属性参数输入窗格的结构都如此图。

⑤ 将工具箱里"元素"展板中的"日期/时间域"拖拽到模板画面上，编辑调整其属性效果。在触摸屏运行时，"日期/时间域"显示触摸屏的系统日期时间，可以对其进行校准设置。不是 PLC 的系统日期时间。

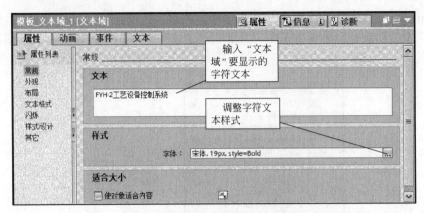

图 1-2-8　画面对象的属性组态窗格

用"基本对象"展板中的"线"在模板画面上划一条分界线,在该"线"的属性窗格设置线粗细、线色等参数。"线"上的对象将作为模板的内容显示在每一个应用当前模板的画面上,"线"下留白,将被画面的组态对象使用,如果模板"线"下组态有对象,在运行显示时将被画面对象或全局画面对象遮盖。

步骤三

组态编辑"监控画面-1"

① 双击打开空白的"监控画面-1",在画面的属性窗格为其选择模板。如图 1-2-9 所示。

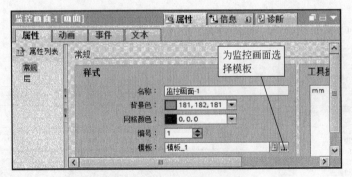

图 1-2-9　画面的模板在其属性窗格中定义

② 指示灯和仪表的编辑组态如图 1-2-10 所示。

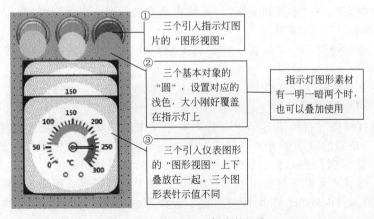

① 三个引入指示灯图片的"图形视图"

② 三个基本对象的"圆",设置对应的浅色,大小刚好覆盖在指示灯上

指示灯图形素材有一明一暗两个时,也可以叠加使用

③ 三个引入仪表图形的"图形视图"上下叠放在一起。三个图形表针示值不同

图 1-2-10　指示灯、仪表的组态

③ "图形视图"的图片的选择如图 1-2-11 所示。

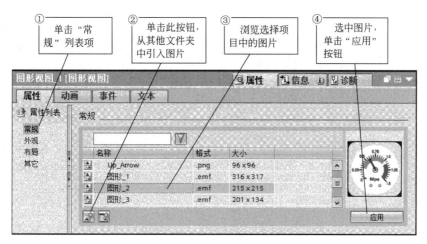

图 1-2-11 "图形视图"的图片选择

④ "图形视图"在画面中的大小和位置设置如图 1-2-12 所示。

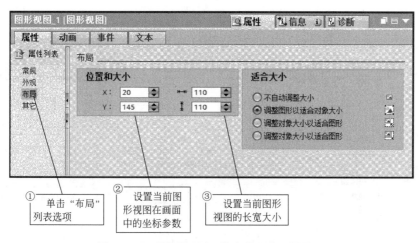

图 1-2-12 "图形视图"的大小和位置的设置

⑤ 将"元素"展板上的"I/O域"对象拖拽到当前画面中,为每一个要监控的过程量组态过程值输出显示。"I/O域"可以工作在输入模式、输出模式和输入/输出模式。此处设定为输出模式。

⑥ 将"元素"展板上的"开关"拖拽到"监控画面-1"中,"开关"属性的设置如图 1-2-13 所示。

⑦ HMI 设备上按钮几种模式的组态。

按钮是组态 HMI 设备较常用的画面对象,将"元素"展板上的"按钮"拖拽到工作区,在其属性窗格的"属性列表"的"常规"选项中,可看到按钮可以组态的模式有"文本""图形"和"不可见"三种。即按钮上可以组态字符文本、图形或按钮看不见的形式。"监控画面-1"上组态有三种模式的按钮。如图 1-2-14~图 1-2-16 所示。按钮的"外观""样式"等属性不再赘述。

本节实例"监控画面-1"中的"转换开关"使用"开关"画面对象组态,图 1-2-16 仅示例"不可见"按钮模式组态。

KTP900 Basic 精简触摸屏有 8 个功能键 F1~F8,可作为"热键"配置给屏上组态的按

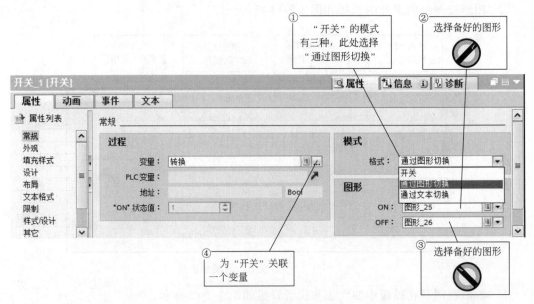

① "开关"的模式有三种,此处选择"通过图形切换"

② 选择备好的图形

④ 为"开关"关联一个变量

③ 选择备好的图形

图 1-2-13 "开关"属性的设置

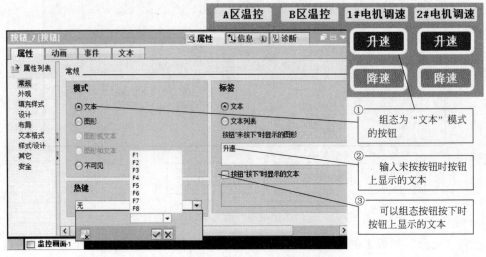

① 组态为"文本"模式的按钮

② 输入未按按钮时按钮上显示的文本

③ 可以组态按钮按下时按钮上显示的文本

图 1-2-14 文本模式按钮的组态

钮。如图 1-2-14 左下角所示,可以为当前组态的按钮配置热键。

如图 1-2-15 所示,示例为"1♯泵电机"的"启动按钮"配置了热键"F5"。仿真时注意测试其效果。

单击"项目视图"工具条上的"保存项目"命令,保存以上所做的组态工作。

单击"编译"工具命令,对前面的组态项目进行编译,博途软件在属性窗格中的"信息"→"编译"选项卡上给出编译结果信息。及时保存编译组态结果很重要。

四、监控画面连接的变量和动画的组态

1. 在 HMI 变量表中创建变量

双击项目树中"HMI 变量"→"添加新变量表"编辑器,博途系统自动生成一个新变量表,默认变量表名称,并在"工作区窗格"中打开,如图 1-2-17 所示。

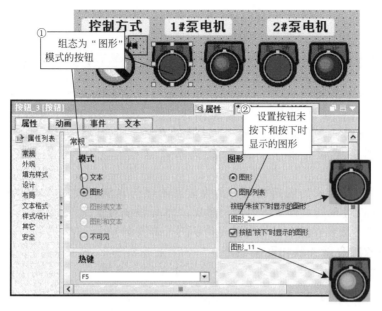

图 1-2-15 图形模式按钮的组态

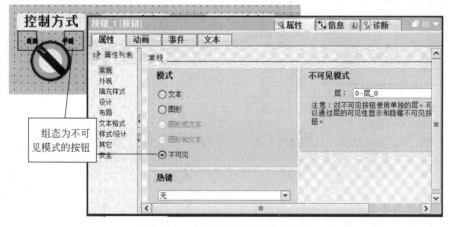

图 1-2-16 不可见模式按钮的组态

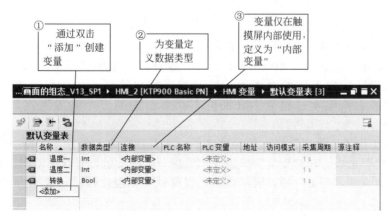

图 1-2-17 在变量表中创建变量

① 变量名称定义一个与实际过程量一致的名称，便于识别，支持中文字符。

② 数据类型：对于外部变量，数据类型的选择要与 PLC 变量的数据类型相一致。对于内部变量，刚好覆盖运算处理量的值域范围即可，能使用整数的不使用浮点数，尽量少占字节数。

③ HMI 设备变量的"连接"明确 HMI 设备与控制系统网络上哪个通信伙伴进行变量通信或交换数据。如果在 HMI 变量表中定义的变量仅在 HMI 设备内部使用，则在"连接"列中为其声明为"内部变量"，如果定义的变量参与 PLC 的通信、交换数据，则在"连接"列中声明与哪个 PLC 设备连接，这些与 PLC 连接的变量也称为外部变量。

图 1-2-17 的变量定义为内部变量，是为方便画面仿真演示使用。实际控制系统中，如温度、压力、速度等现场过程量皆通过传感器、PLC 检测传送到 HMI 设备，可能来自不同的 PLC，所以要定义具体的连接（也就是声明为外部变量）。

2. 画面对象的变量关联和动画组态

画面对象关联变量是组成控制系统的一个重要组态步骤。"I/O 域"关联的变量如图 1-2-18 所示。

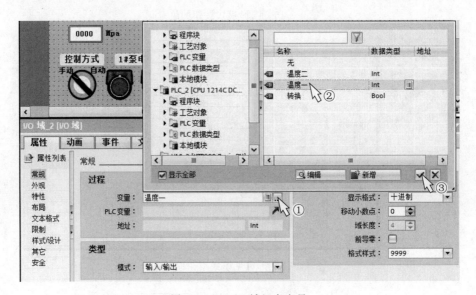

图 1-2-18　I/O 域组态变量

在"监控画面-1"中，假设工艺温度的测量范围为 0～300℃，0～60℃为温度过低，60～200℃为温度正常，200～300℃为温度过高。实时工艺温度处于不同的温度段，温度仪表指针指向不同的温度段，同时相应的报警灯亮。在变量表中创建"温度一"变量用来表示该温度过程值。分别组态到画面中的三个叠加温度表图形视图中，如图 1-2-19 所示。

① 在画面工作区选择指针指示低温度区的画面视图，在"属性"窗格→"动画"选项卡选择"可见性"选项，在"变量"格组态"温度一"的变量，并在"范围"格中设置 0～60℃的范围值，点选"可见"项，表示在工艺温度处于低温度区时，该图形视图可以看见，否则看不见。

②③同理。

④ 同样，在指示灯上的"圆"形，在低温度段时，组态不可见，否则可见。

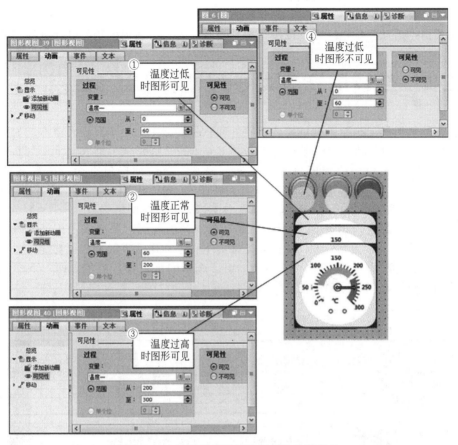

图 1-2-19　为图形视图的动画属性关联变量

图 1-2-13 所示为"开关"画面对象组态变量"转换"。

同理，为"监控画面-1"的各画面对象创建和组态变量。

五、监控画面的仿真

　　工作区窗格显示"监控画面-1"，单击执行"在线"→"仿真"→"使用变量仿真器"命令。弹出"监控画面-1"的运行仿真画面和仿真变量表，仿真变量设置如图 1-2-20 所示。

	变量	数据类型	当前值	格式	写周期 (s)	模拟	设置数值	最小值	最大值	周期	开始
	温度一	INT	7	十进制	1.0	Sine		0	300	10.000	☑
	转换	BOOL	0	十进制	1.0	<显示>		0	1		☑
*	—										☐

图 1-2-20　监控画面-1 的仿真变量表

　　勾选仿真变量表中"开始"列选项，"温度一"变量值在 0～300 之间的不同温度段变化时，仿真画面中的指示灯、仪表等呈动画显示。

鼠标单击仿真画面中的"转换开关",旋钮柄做 90°旋转,同时将"转换"变量置 1 或复 0。

鼠标单击"启动"按钮,在"按住"和"松开"时,按钮内的指示灯会有亮暗的变化。

第三节 精智屏元素类画面对象的组态应用

精智系列触摸屏比精简系列触摸屏在硬件和软件功能上都要丰富强大得多。如同为 9 英寸 TFT 显示屏,800 像素×480 像素,TP900 Comfort(精智屏)为 16M 色;KTP900 Basic(精简屏)为 64K 色,精智屏色彩更丰富、逼真。在硬件接口方面,精智屏既可连接 MPI/PROFIBUS DP,又有支持 MRP 和 RT/IRT 的 PROFINET/工业以太网接口(两个端口),方便控制系统网络构建。精简屏通常只支持一种总线网络接口。

在软件功能组态上,如图 1-3-1 所示,精智屏支持的画面对象更多,在很多编辑器中的功能组态比精简屏也都有所拓展,精智屏支持脚本程序动作编辑触发执行功能。

图 1-3-1 是在精智屏(TP900 Comfort)组态编辑的工艺设备监控画面,下面说明其中画面对象的编辑组态和运行操作过程。

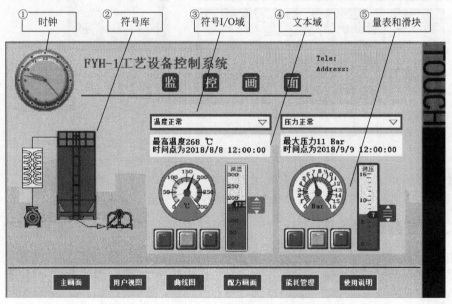

图 1-3-1 TP900 Comfort 精智屏监控画面

图 1-3-1 画面应用了"时钟""符号库""符号 I/O 域""量表"和"滑块"等画面对象,多数画面对象都与变量连接。为此首先在项目树"HMI 变量"编辑器的"变量表"中定义上述画面对象的连接变量(过程变量),如图 1-3-2 所示。

由于未连接 PLC,表中变量全部设置为"内部变量",方便模拟仿真测试。

一、为"时钟"配置图形

"时钟"画面对象用来显示实时时间,通常组态在模板中,这样应用该模板的所有画面上都可以看到时间显示。

将"时钟"从"元素"展板上拖拽到模板上,在其"属性"组态窗格编辑属性,并为其配置事先编辑好的图形,如图 1-3-3 所示。

	名称 ▲	数据类型	连接	PLC 名称
	Tag1	Int	<内部变量>	
	XValue	Int	<内部变量>	
	最大压力	Int	<内部变量>	
	最高温度	Int	<内部变量>	
	测压时间点2	DateTime	<内部变量>	
	测温字符串1	WString	<内部变量>	
	测温时间点1	DateTime	<内部变量>	
	温度一	Int	<内部变量>	
	温度二	Int	<内部变量>	
	滑块变量1	Int	<内部变量>	
	滑块变量2	Int	<内部变量>	
	滑块变量3	Int	<内部变量>	
	滑块变量4	Int	<内部变量>	
	转换	Bool	<内部变量>	
	<添加>			

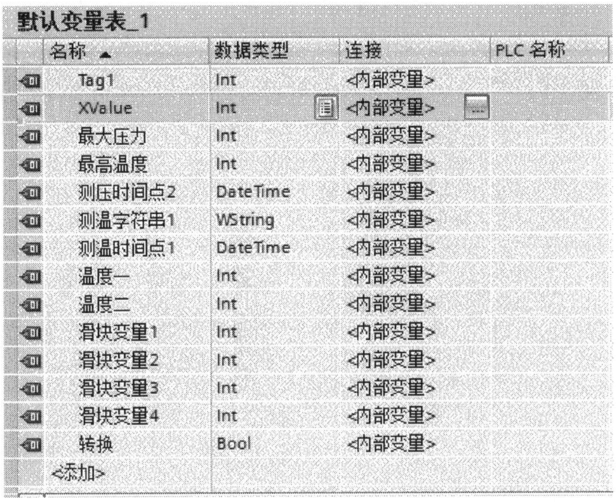

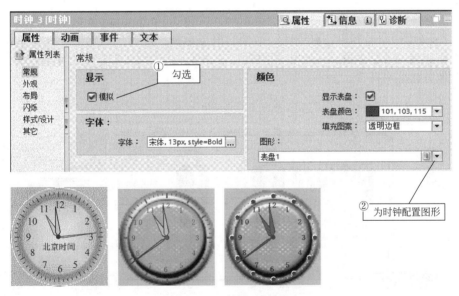

图 1-3-2 TP900 Comfort 精智屏监控画面变量表

图 1-3-3 “时钟”属性组态

“元素”展板上的“日期/时间域”也是一种表现时间的画面对象，不仅可以显示时间，也可显示日期，精度更好，还可以变量连接 PLC 系统时间。

二、用“符号库”作为图形标签编制工艺流程图、原理图、连线图等

图 1-3-1 左侧表示工艺流程的组图是由称为“符号库”的画面对象构成的。图中的泵、换能器、罐、流量计等图形都是“符号库”画面对象。可以把“符号库”认为是编辑图形（且属性可组态）的素材库。

如图 1-3-4 所示，“符号库”内置有大量的博途系统准备好的各行各业常用设备的符号和图形，有些是国际或行业有关标准规定的符号图形，可以编辑成工艺设备系统流程图、原理图、连线图等，可以从“类别”中查找并应用到画面中。

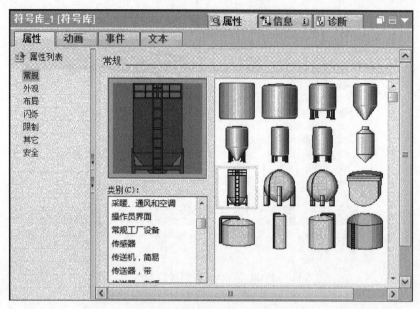

图 1-3-4 "符号库"的属性

图 1-3-5 和图 1-3-6 是用"符号库"编绘的图形示例。博途自动化工程设计软件是一个高效的工程软件，为触摸屏或上位机等编辑绘制图 1-3-5 或图 1-3-6 所示的图形比"图形视图"等其他方法要快得多。

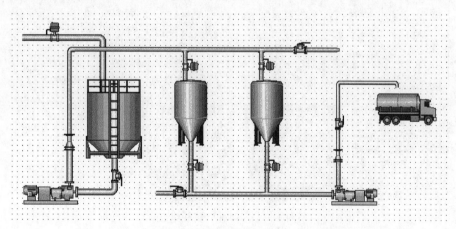

图 1-3-5 "符号库"编绘的工艺设备流程图

"符号库"画面对象有很多可组态属性，这里介绍一下其"动画"属性的组态应用，如图 1-3-1 中的液料罐。假设罐中物料的正常运行温度为 $100 \sim 200$℃，低于 100℃ 或高于 200℃ 都属异常，要发出报警信号，画面中的罐体呈闪烁显示，温度过高或过低闪烁时的颜色不同。具体组态步骤如图 1-3-7 所示。

鼠标单击图 1-3-1 画面中的罐体，选中该画面对象。然后单击属性窗格中的"动画"选项卡，打开动画属性组态界面。鼠标单击"外观"选项，在"变量"输入格中为其选择事先在"变量表"中定义的"滑块变量 1"内部变量（这里用"滑块变量 1"内部变量模拟温度变量值的变化情况，实际现场应该是温度传感器测量输出的 PLC 变量，即 HMI 外部变量。"滑块变量 1"变量值的变化取决于图 1-3-1 中"调温"滑块画面对象手柄的上下滑动，模拟仿真时可以看到）。鼠标点选"范围"选项。然后在下面的表格中输入温度过高和过低的范

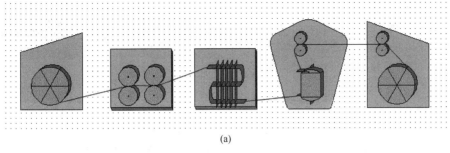

(a)

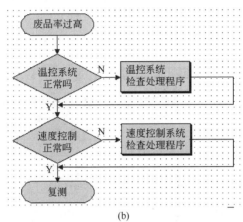

(b)

图 1-3-6 "符号库"编绘的图形示例

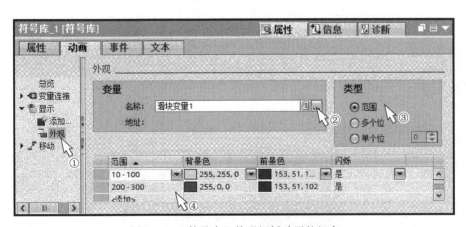

图 1-3-7 "符号库"外观闪烁动画的组态

围值，以及超出限值时罐体要显示的背景色和前景色，设定"闪烁"项为"是"。保存编译仿真项目。

三、"符号 I/O 域"的应用（选择输入/显示报警或提示信息）

图 1-3-1 中有 2 个"符号 I/O 域"画面对象，根据过程变量值的大小输出显示控制过程信息。假设温度（压力）控制要求为：0～100℃（0～4.9Bar）时，输出显示温度过低（压力过低）；101～200℃（5～10.9Bar）时，输出显示温度正常（压力正常）；201～300℃（11～16Bar）时，输出显示温度过高（压力过高）。

　　"符号 I/O 域"也可用于多项选择输入控制信息，如图 1-3-8 所示。例如某变频控制电动机可以工作在低速（20 Hz）、中速（35 Hz）和高速（50 Hz）三种工况，可以通过"符号 I/O 域"在触摸屏上选择输入控制指令。

图 1-3-8 "符号 I/O 域"
在运行系统中的
选项输入指令

　　图 1-3-1 "符号 I/O 域"输出显示过程（如温度和压力）信息的组态步骤如下。

步骤一

　　首先在"文本和图形列表"编辑器中定义文本列表及条目　双击项目树中本项目的"文本和图形列表"编辑器，打开该编辑器组态窗格，如图 1-3-9 所示。

　　精智屏的文本在组态输入时可以插入变量域或文本列表域。

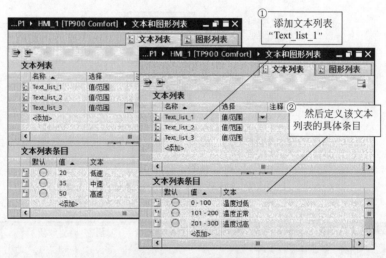

图 1-3-9　为"符号 I/O 域"定义文本列表

步骤二

　　将"符号 I/O 域"拖拽到画面中　如图 1-3-10 所示。

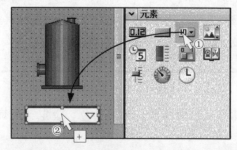

图 1-3-10　将"符号 I/O 域"画面对象拖拽到画面中

步骤三

　　输入组态"符号 I/O 域"的属性　如图 1-3-11 所示。保存编译组态的结果，模拟仿真查看组态效果。

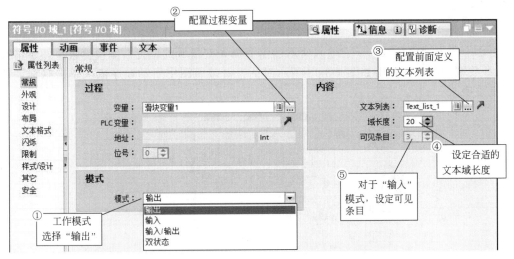

图 1-3-11 "符号 I/O 域"属性的设置组态

四、"文本域"中实时显示变量值

"文本域"画面对象在画面编辑时常用来作为文本标签，显示文本字符信息。

精智屏的"文本域"在编辑组态时可以插入变量域或文本列表域，这使得组态 HMI 项目更加灵活高效。图 1-3-1 中的 2 个"文本域"应用了插入变量域功能，即文本中的数值或文本字符会依据变量值的变化而变化。例如设备系统运行时，想监视每一个生产加工段的最高温度值和发生时点，PLC 控制逻辑（或 HMI 自定义 VB 或 VC 函数）筛选确定最高温度值和发生时点，并将变量值放到"最高温度"和"测温时间点 1"变量中，HMI 设备通过在"文本域"中插入这两个变量，即可实时显示含有变量值的文本，起到了报警或提示的作用。如图 1-3-1 所示，最高温度为 268℃，发生在 2018 年 8 月 8 日 12 时。其组态步骤如下：

步骤一

文本域的文本输入　将"文本域"从"基本对象"展板中拖拽到画面合适位置，如图 1-3-12 所示，在其属性的常规项"文本"输入框中输入"最高温度"字符，紧接着插入名称为"最高温度"的变量。然后再输入一个"℃"单位字符。执行"Shift＋Enter"组合键命令换行，继续输入文本及插入变量。

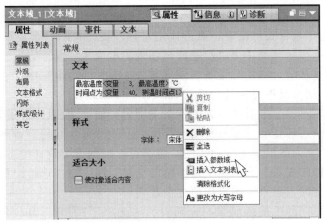

图 1-3-12 "文本域"文本输入

步骤二

文本中插入"变量域" 在输入文本的需要插入变量域的位置右键快捷菜单，单击执行"插入参数域"命令，弹出如图 1-3-13 所示对话框。按照图中所示顺序依次单击鼠标，选择组态参数项。

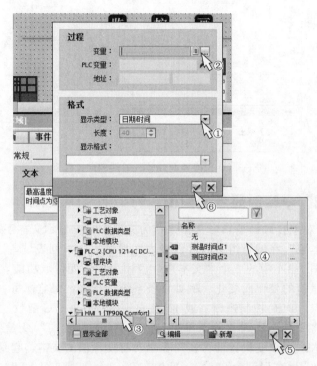

图 1-3-13 "文本域"插入"变量域"

对于"最高温度"变量，其"显示类型"格式选择为"十进制"，"显示格式"选为"999"，对于"测温时间点 1"变量，其"显示类型"格式选择为"日期时间"。然后在弹出的对话框中确定已在前述变量表中定义的变量，确定键完成组态。

五、"滑块"和"量表"的应用

图 1-3-1 精智屏监控画面中应用了"滑块"和"量表"画面对象。"滑块"对象可以使连接该滑块的变量的值在某个范围内连续变化。若模拟可调电阻，就像一个电子电位器。"量表"对象可以模拟指针式计量表，通过连接过程变量，指示一个模拟量在某个范围内的连续变化情况。在触摸屏画面中可以组态成电压表、电流表、赫兹表、温度表、压力表、流量计、转速表、浓度计等。在实际设备控制系统 HMI 项目的组态中，"滑块"通常用来设定给定值，"量表"用来反馈显示过程量值。

结合图 1-3-14～图 1-3-16 看"量表"的组态配置方法，"量表"的量程（如图中的"0～300"）、所要显示的过程变量（如图示的"滑块变量 1"）、标题（罐料温度）、单位符号（℃）、分度数（以 50 为图形显示分隔区间）等都可以根据需要设计组态。当量程有变化时，可以在"用于最大值的变量"和"用于最小值的变量"输入格中选择配置变量，这样在运行系统中，变量值改变时，量表上的量程值也会改变。

量表上有三个不同颜色的弧形段，分别表示"正常""警告"和"危险"（或过低、正常、过高）的含义，可以在量表属性中的"范围"项下组态，并勾选"启用"。

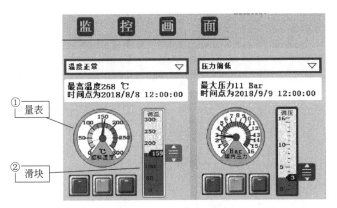

① 量表
② 滑块

图 1-3-14　运行状态下的"量表"和"滑块"

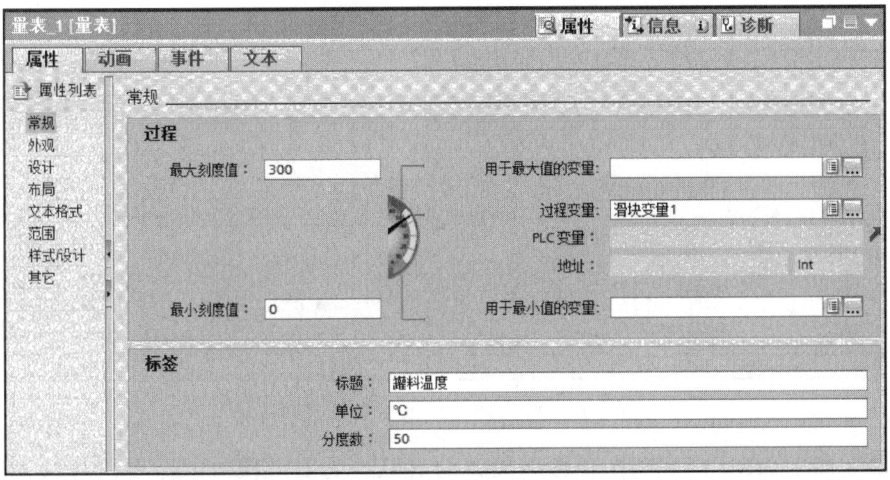

图 1-3-15　"量表"的"常规"属性的组态

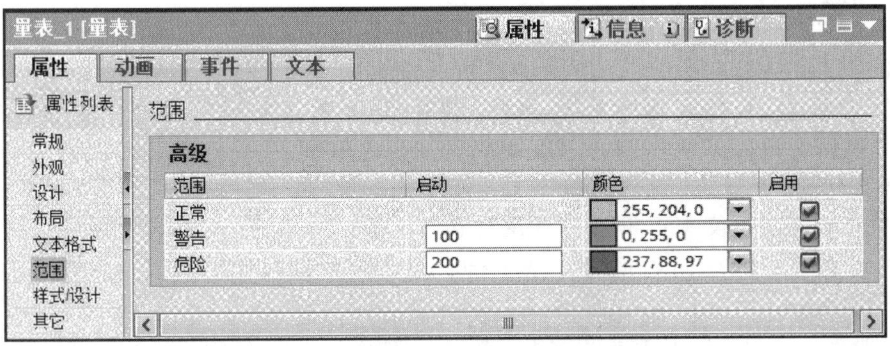

图 1-3-16　"量表"的"范围"属性的组态

"量表"的其他属性的组态方法类同，不再赘述。

结合图 1-3-14、图 1-3-17 和图 1-3-18 看"滑块"的组态方法，"滑块"所能设定的变量值范围（如图中的"0～300"，这里也是为方便配合与量表的模拟仿真）、标题（调温）、所设定的变量名称（滑块变量 1）等在属性的"常规"项中组态。如果"滑块"设定的变量值范围需要在不同的工况下而不同，可以在"用于最大值的变量"和"用于最小值的变量"输入格中配置变量，使滑块设定值范围可以变化。

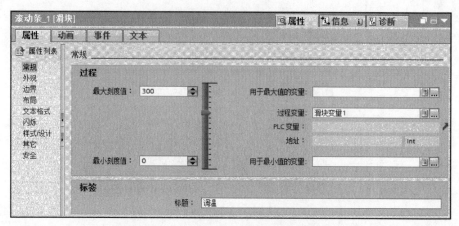

图 1-3-17 "滑块"的"常规"属性的组态

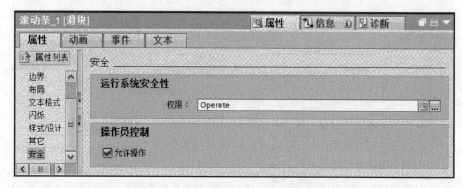

图 1-3-18 "滑块"的"安全"属性的组态

"滑块"属于 HMI 设备操作者可以操作的对象，为安全操作的需要，可以为该滑块的操作设定权限，只有具有该对象操作权限的操作者（用户管理）才可以操作该滑块。

六、"监控画面"的仿真测试

在工作区窗格显示图 1-3-1 所示的监控画面时，单击图标工具栏中的"开始仿真"按钮命令。博途项目仿真软件系统运行显示图 1-3-1 所示的运行画面。推动图中的"调温"滑块画面对象，其所连接的"滑块变量 1"的值即在 0～300 区间变化，当在 0～100 之间变化时，"量表"指针在 0～100 示值之间摆动，同时上方的"符号 I/O 域"显示"温度过低"字符文本；推动"滑块"在"101～200"和"201～300"区间变化时，量表指针也在对应的区间内摆动，"符号 I/O 域"分别显示"温度正常"和"温度过高"字符文本。

也可照第二节图 1-2-20 所示，调出"仿真变量表"，设定一个"最高温度"变量的值和"测温时间点 1"变量的值，查看图中"文本域"插入变量域的显示效果。

压力量设定显示部分原理类同。

拓展练习

1. 运用 Visio 或 AI 等绘图软件绘制编辑图 1-4-1 所示的仪表图形。
2. 图 1-4-2 是采用 Visio 2013 绘制的常用工控器件，熟悉 Office 操作的可以试着练习一下。

图 1-4-1　仪表图形

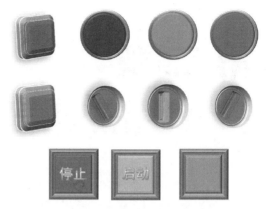

图 1-4-2　Visio 2013 绘制的按钮指示灯等器件

3.本章第二节介绍的精简屏上的仪表及动态显示是通过"图形视图"实现的，同样效果也可以通过"元素"展板上的"图形 I/O 域"实现，练习做一下。

4.运用"符号库""I/O 域""符号 I/O 域""棒图"等画面对象设计组态图 1-4-3 所示画面，并组态动画效果，如当左上角 A、B、C 等任一物料流入罐中时，相应的字符和箭头符号闪烁显示。当某一罐体温度超温时，罐体颜色呈红白闪烁显示；超压时呈黄白闪烁显示等。

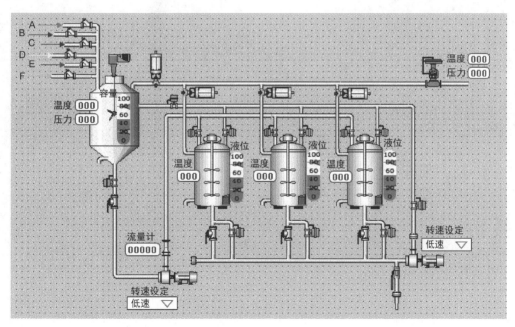

图 1-4-3　工艺流程监控画面

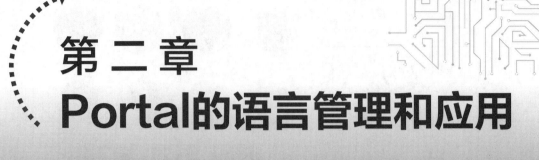

第二章
Portal的语言管理和应用

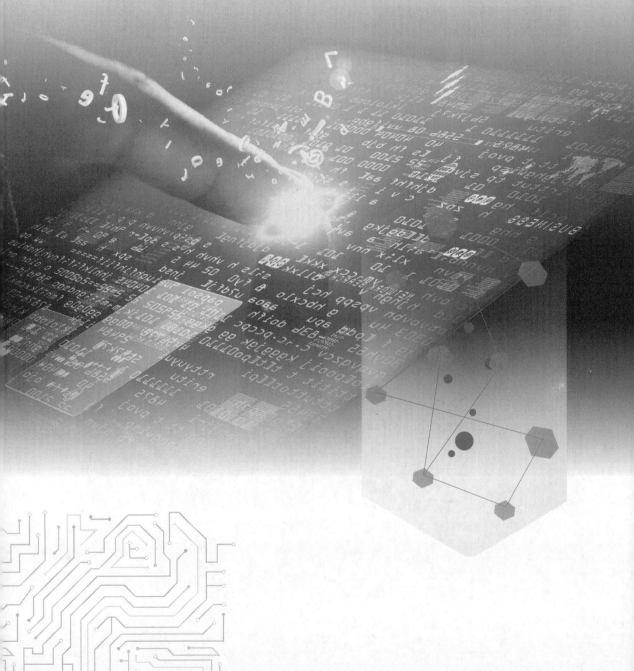

第一节　博图组态软件的语言和设置

一、用户界面语言

在安装和使用 Portal V13/14/15/16 等时，通常选择中文版。因为这是我们最熟悉的语言。打开中文版 Portal 组态软件，其工作界面都是用中文显示的，包括中文菜单命令、对话框标题、诊断报警信息、画面对象的标注、文本列表等。这里的中文就是当前软件的用户界面语言。

同样，Portal 也有英文版、德文版等。只要用户有这些语言的语言包并安装，就可以应用，使不同语言的国家或人群都可以使用组态软件。同时安装有多种语言包的组态软件，可以随时改变当前软件的用户界面语言。在"项目视图"界面，单击菜单命令"选项"→"设置"，打开如图 2-1-1 所示窗格。

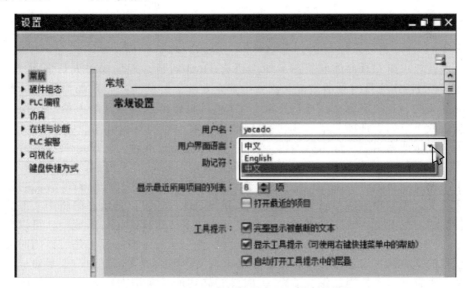

图 2-1-1　Portal 组态软件用户界面语言的设置

在图中"常规"→"常规设置"→"用户界面语言"选项格中，点击下拉列表三角符号，可看到有"English"和"中文"两个选项，表示当前软件的用户界面语言可以设置为英文和中文两种语言。图 2-1-2 显示分别选择两种用户界面语言的情况。

二、项目语言

在 Portal 软件的语言管理和应用中，分为"用户界面语言"和"项目语言"，项目语言是指编辑组态 HMI 项目时用到的语言。项目语言又分为编辑语言、参考语言和运行语言等。

通过组态软件编辑组态的 HMI 项目下载到 HMI 设备后，供现场操作人员使用，现场操作人员可能有多语言识读的需求。例如包含 HMI 设备的自动化系统出口到使用英文（或其他语种）的国家或地区，这时就要求 HMI 项目画面及文本为英文（或其他语种），供现场只能识读英文的操作人员使用 HMI 设备。也就是用户界面语言为中文的组态软件能够编辑组态画面图片和文本为英文（或其他语种）的 HMI 项目，即 HMI 项目语言为英文。反

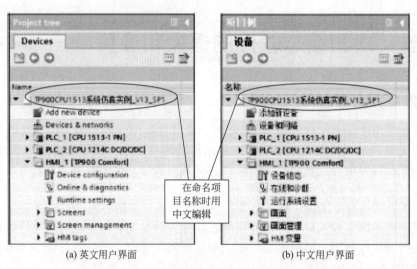

(a) 英文用户界面　　　　　　　　　　　　　(b) 中文用户界面

图 2-1-2　用户界面语言设置为英文和中文

之亦然。

还有些 HMI 项目要求项目语言有多种语言显示，项目画面文本可以显示中文、英文、德文等。这就要求组态软件能够组态编辑多语言 HMI 项目。现场操作人员通过对 HMI 的操作随时转换 HMI 项目的显示语言。例如中资企业在国外建工厂，现场操作人员有的懂中文、有的懂英文、有的懂德文，这就要求 HMI 项目画面可以根据现场人员的操作（例如点击画面按钮或下拉列表项菜单），随时可以改变当前画面的显示语言。

在用中文版博途组态软件组态编辑 HMI 项目的英文文本时，先设定项目编辑语言为英文，然后对项目画面中的文本、图片等使用英文输入，我们就说当前的项目编辑语言为英文。对于多语言项目，整个 HMI 项目用英文组态完后，可以更改当前编辑语言的设定，例如设定为德文，再编辑组态项目的德文文本部分。同理，还可以再组态编辑中文部分。这样所有项目画面对象的文本或图片都对应三种语言的文本。这样在运行系统中，可以根据画面上的操作命令，更改画面显示的语言。编辑语言在整个项目组态过程中是可以随时改变的。

在项目的文本语言组态过程中，用编辑语言将文本输入到文本框中，如果对应的编辑语言（译文）不存在（不恰当、不合适），一时没有确切的编辑语言输入，则当前输入文本框将为空或者为默认值，这时可以用其他项目语言替代输入在当前输入框中，作为当前编辑语言的输入文本的参照，称为参考语言。

是否能显示参考语言文本，取决于所安装的组态软件，并非每个软件编辑器都支持这一功能。项目的编辑语言在项目组态时可以随时更改，参考语言不能随时更改，应设置自己熟悉的语言作为参考语言。

可以在 HMI 设备运行系统中运行显示的项目语言称为运行语言，多语言项目中编辑的项目语言可以根据现场操作人员的需求有选择地启用其在 HMI 设备中的运行。可以只启用多语言项目中的部分项目语言。例如只启用中文和英文项目语言作为运行语言。

当 HMI 项目编辑组态编译完成后，双击打开项目树中 HMI 项目的"运行系统设置"编辑器窗格，单击打开导航栏目中的"语言和字体"显示窗格，如图 2-1-3 所示。

图中表示当前集成项目使用了四种语言编辑组态项目，并且勾选启用了四种语言，当下载到 HMI 设备中，可以运行显示这些项目语言。每种语言有顺序号作为识别码，在运行系统中，可作为系统函数的参数，指定当前项目运行显示的语言。

当应用现场不需要这么多语言显示时，应关掉其启用功能，以减轻 HMI 设备系统的工

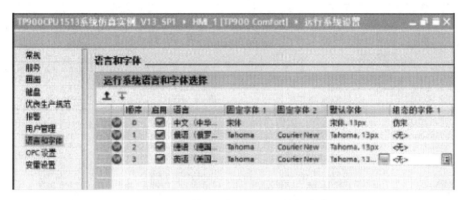

图 2-1-3　启用运行系统的语言和字体

作负荷。或者根据现场用户的需求，有选择地启用下载运行语言。

三、博图组态软件的"语言和资源"编辑器组合

如图 2-1-4 项目树中的"语言和资源"文件夹。在该文件夹中，有三个编辑器。上文述及的编辑语言、参考语言设定，文本和图片的语言互译等就是在这三个编辑器中操作的。

1. "项目语言"编辑器

双击打开图 2-1-4 中"语言和资源"→"项目语言"编辑器，如图 2-1-5 所示。

① 根据项目的需要，激活启用所需要的项目语言。例如图 2-1-5 中勾选语言项前的复选框，启用了中文、德文、俄文和英文。此时博途组态软件可以用这四种选定的项目语言作为编辑语言编辑组态多语言项目。勾选操作会使组态软件在下面介绍的"项目文本"和"项目图形"两个编辑器中分别开辟四列存储单元，存放组态人员编辑输入的四种语言的文本的译文。暂没有合适译文或尚未翻译编辑的输入格，采用默认值或空格。

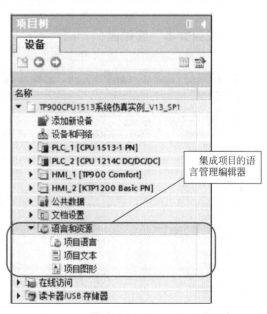

图 2-1-4　项目树中的"语言和资源"
文件夹（编辑器组合）

② 在图 2-1-5 左上方"编辑语言"选项格中选择一种语言作为当前项目的编辑语言。这时，各组态画面上的文本和图片等皆以该编辑语言显示和编辑输入。当前编辑语言输入编辑结束或根据需要再选择其他语种作为项目的编辑语言时，可重新选择编辑语言，用新的语种作为当前编辑语言。下拉列表中的可选项即是前面选定的项目语言。

③ 在图 2-1-5 右上方"参考语言"选项框中设定参考语言。使用参考语言的目的就是用自己熟悉的语言对需要翻译成编辑语言的文本给出确切的解释。在"任务"选项板的"语言和资源"（"Tasks"→"Languages and resources"）任务卡中，以参考语言显示各文本框的文本含义。即使没有以当前选择的编辑语言输入任何文本，也能确定某文本框所要表示的信息。

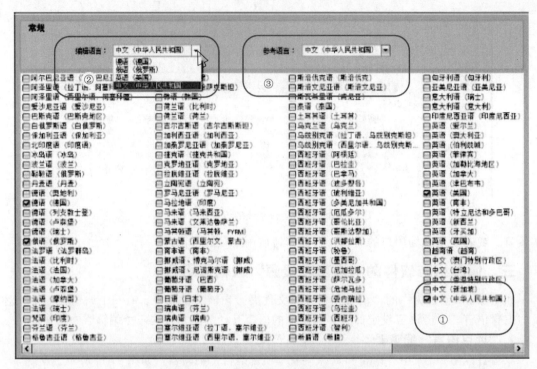

图 2-1-5 "项目语言"编辑器中的设置

2. "项目文本"编辑器

双击打开图 2-1-4 中"语言和资源"→"项目文本"编辑器工作窗格，如图 2-1-6 所示。

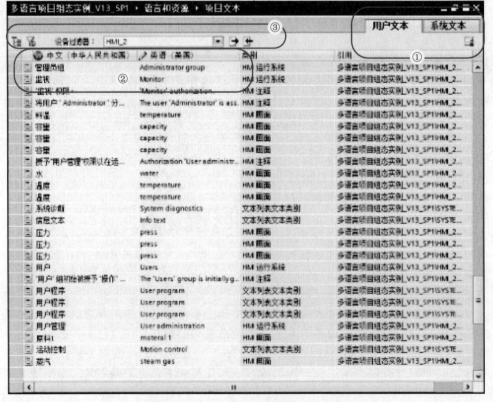

图 2-1-6 "项目文本"编辑器工作窗格

① 项目文本（project texts）又分为"用户文本"和"系统文本"。在"项目文本"编辑器窗格中有这两种文本的选项卡。用户文本是指用户在创建项目时生成编辑的文本。系统文本则是软件系统工作时自动生成的文本。

② 在图 2-1-6 所示的"用户文本"选项卡中，只激活启用了中文和英文两种语言作为项目语言（图 2-1-5 中激活启用了四种语言，用户文本就要显示出四列项目语言，此处图例取消了两种语言的启用）。图中中文标有圆形图标，表示中文为当前项目的参考语言，英文标有铅笔头图标，表示英文为当前项目的编辑语言。随着前述参考语言和编辑语言的不同设定，这两个标记会在相对应的语言列中显示。

这两列语言的每个文本含义都一一对应，就像个字典。

③ 为了配合高效编辑翻译工作，工具栏上有几个辅助工具。从左到右依次为：

a."启用/禁用分组按钮"，可以将当前所选语言的文本进行分组。

b."启用/禁用空文本过滤器按钮"，可以显示或隐藏没有译文的空文本。

c."设备过滤器"，可以选择集成项目中的某特定设备中的文本进行显示。如图 2-1-7 所示。只选择显示 HMI_2 设备中的文本。

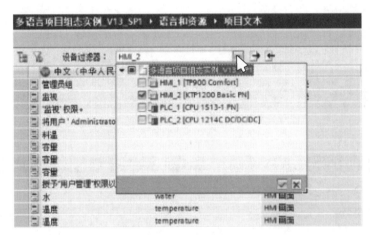

图 2-1-7 "项目文本"编辑器的"设备过滤器"

d."导出项目文本"和"导入项目文本"按钮，可以运用这两个工具将项目的全部文本或选择部分文本导出到 Excel 文件中，利用外部软件进行文本的翻译工作，结束后，按照格式再导入到组态软件的"项目文本"编辑器中来。如图 2-1-8 和图 2-1-9 所示。

图 2-1-8 "项目文本"的导入功能

3. "项目图形"编辑器

双击打开图 2-1-4 中"语言和资源"→"项目图形"编辑器，如图 2-1-10 所示。

图 2-1-9 "项目文本"的导出功能

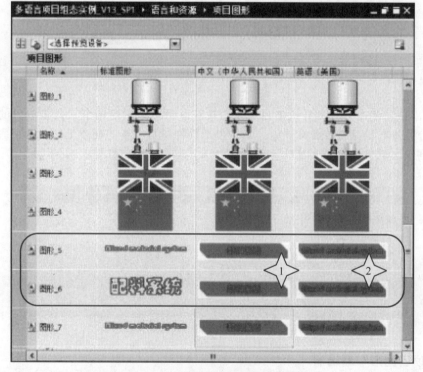

图 2-1-10 "项目图形"编辑器工作窗格

在多语言项目的画面编辑组态时，可能需要在画面上组态一些图形图片，这些图形图片上如果有文本显示，则在不同的项目语言情况下，图形图片上的文本也应该用相应的项目语言显示文本。所以在"项目图形"编辑器中，要能为不同的项目语言配置不同的图形图片，它们表达的含义相同，显示的文本语言不同。

① 在中文语言列，项目中的图形图片要能让懂中文的人识读，在制作图形图片时，尽量或全部采用中文作为文本语言编辑在图片上。

② 同理，在英文语言列，项目中的图形图片的文本尽量或全部用英文表示。

在各语言列，如果确实难于找到合适的选项，可以选用大家都易理解的方式表达。这也适用于项目文本的编辑。有些采用默认项或空格。

如图 2-1-11 所示，在编辑图形时，可以右键图形的快捷菜单，单击"替换为图像"命令，在弹出的对话框中，找到目标图形，进行替换。替换之前，要准备好当前项目中各种项目语言所需要显示的图形图片。

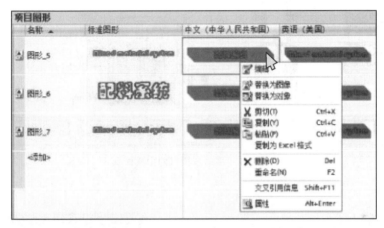

图 2-1-11 "项目图形"编辑器中图形图片的替换

第二节　多语言项目编辑实例（两种语言）

下面用一个实例说明一个多语言项目的编辑过程和运行操作过程。

实例项目设定项目语言为中文和英文两种。HMI 设备为 KTP1200 Basic PN 精简面板。

一、在运行系统中的显示画面和操作

图 2-2-1 和图 2-2-2 是一个运行系统中的多语言 HMI 项目的中文画面和英文画面。画面中有两个语言选择按钮（用国旗图示）。单击中文语言选择图示按钮，则项目画面文本和图形等皆以中文显示，如图 2-2-1 所示。单击英文语言选择图示按钮，则项目画面上的文本和图形皆以英文显示，如图 2-2-2 所示。画面标题"配料系统"是一个图形图片，在不同的项目语言显示时，图形图片也要变换。

二、多语言项目的编辑组态

画面工艺模拟系统的图片制作和组态另外章节介绍，本章重点介绍 HMI 设备多语言项目的组态。

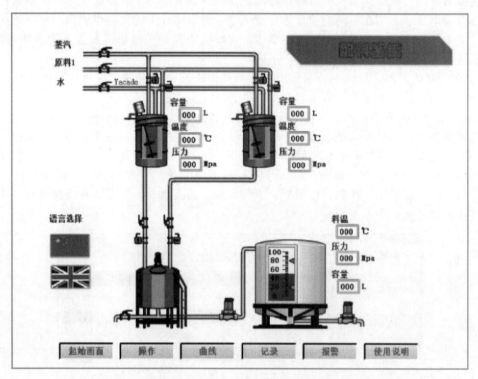

图 2-2-1　多语言项目的中文画面

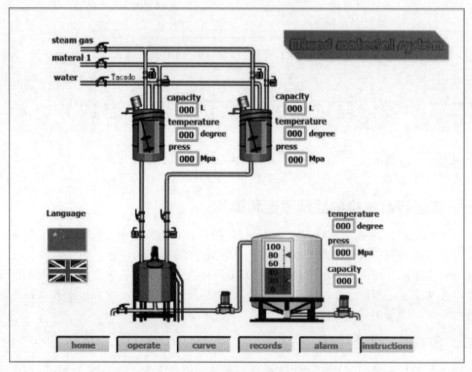

图 2-2-2　多语言项目的英文画面

步骤一

设置项目语言　双击打开图 2-1-4 项目树中"语言和资源"→"项目语言"编辑器，激活启用项目语言"英文"和"中文"选项，然后选择编辑语言和参考语言皆为"中文"。如图 2-2-3 所示。

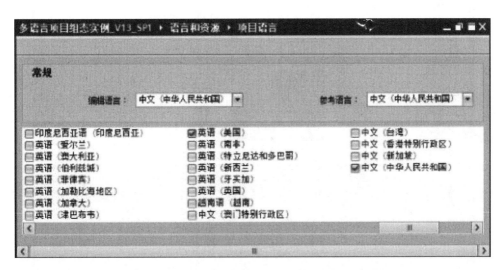

图 2-2-3　项目启用中文和英文作为当前项目语言

步骤二

用中文编辑画面中的文本域和文本标签等　这一步骤的操作方法同单一中文编辑项目的方法一样。打开要编辑组态的画面，对画面中的文本域或按钮的文本标签等使用中文输入法输入中文即可。编辑结束后，画面如图 2-2-1 所示。图中"蒸汽""原料 1"等 13 个文本域，"起始画面""操作"等 6 个按钮文本标签等皆在"属性"→"属性"→"常规"巡视窗格中输入中文。

步骤三

用英文编辑画面中的文本域和文本标签等　画面中文语言编辑结束后，编辑输入英文语言。回到图 2-2-3"语言和资源"→"项目语言"编辑器窗格，将图中编辑语言选项设置为"英文"。

再回到刚才编辑中文的画面，可看到所有文本输入域和按钮文本标签都不再是中文字符，而是软件系统给出的默认字符"Text"等，用英文输入法根据每个文本域对应中文的含义输入英文，方法同上，即对应每个文本域的含义在"属性"→"属性"→"常规"巡视窗格中输入英文。画面英文编辑结束后如图 2-2-2 所示。

步骤四

亦可在"文本"巡视窗格直接翻译项目语言文本　也可在"属性"→"文本"巡视窗格中翻译项目语言文本，如图 2-2-4 所示。图中的文本域 _ 6 的中文项目语言为"料温"，当前项目编辑语言为"英文"，未翻译前，软件系统给出的默认字符为"Text"，直接在该输入

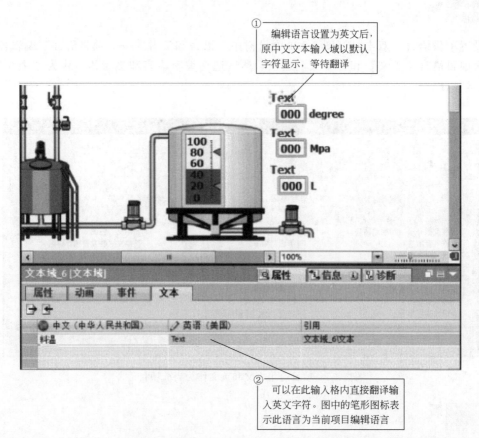

① 编辑语言设置为英文后，原中文文本输入域以默认字符显示，等待翻译

② 可以在此输入格内直接翻译输入英文字符。图中的笔形图标表示此语言为当前项目编辑语言

图 2-2-4   直接在"属性"→"文本"巡视窗格翻译项目语言文本

格内输入"temperature"即可。

全部文本翻译完后，保存项目。

步骤五

多语言项目图形的组态   如图 2-2-5 所示，根据画面的要求，事先用 Visio 等绘图软件绘制两个画面标题图形。分别在不同的项目编辑语言时，将图形编辑在画面上。也可用图 2-1-11 所介绍的方法，组态不同编辑语言时的图形图片。

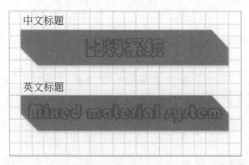

图 2-2-5   在 Visio 等绘图软件中绘制两个画面标题图片

步骤六

在画面上组态语言转换按钮　在画面上组态两个按钮，如图 2-2-6 所示。选择按钮的显示模式为图形，并为按钮配置图形。

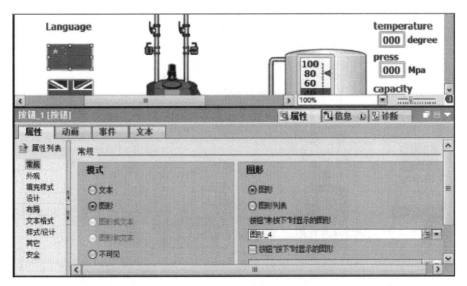

图 2-2-6　在画面上组态两个语言转换按钮

如图 2-2-7 所示，为按钮的单击事件组态系统函数"设置语言"，并为该系统函数选择参数"中文"。这里的可选项是在图 2-2-3 中激活启用的项目语言。同理，另一个按钮的系统函数参数则选为"英文"。

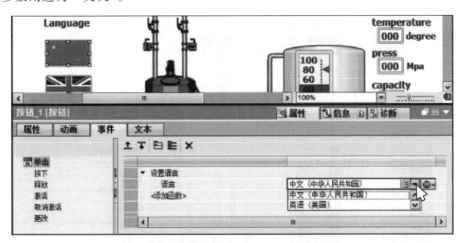

图 2-2-7　为语言转换按钮组态单击事件

保存项目，编译模拟测试项目。

拓展练习

1.练习使用"符号 I/O 域"选择语言，如图 2-3-1 所示，点击"符号 I/O 域"下拉列表中的选项，显示指定语言。

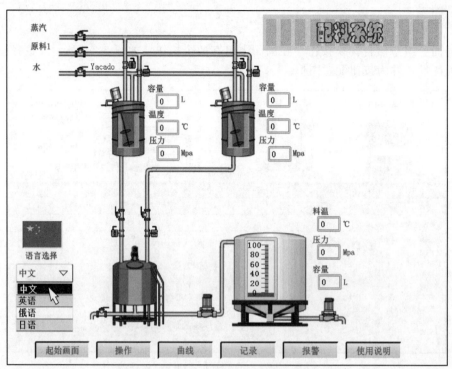

(a) 中文

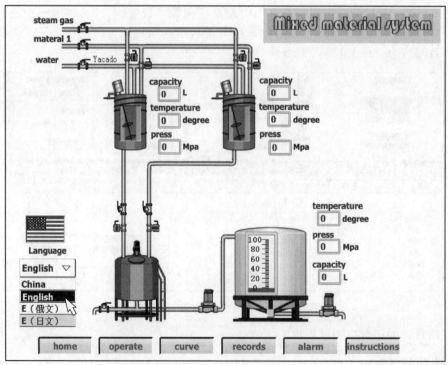

(b) 英文

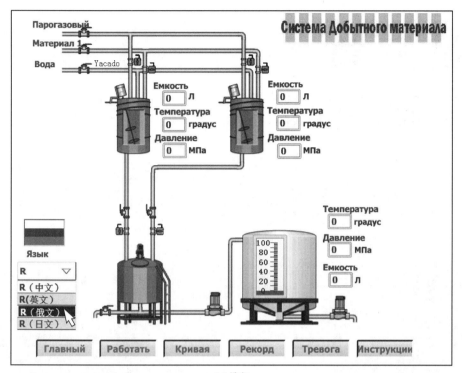

(c) 俄文

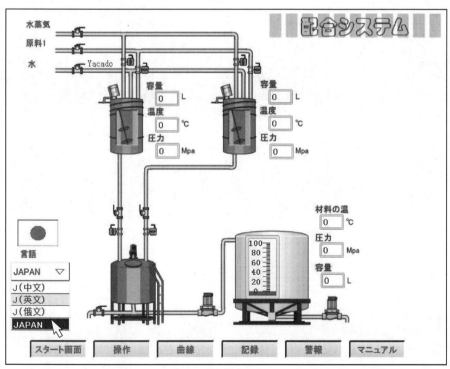

(d) 日文

图 2-3-1 使用"符号 I/O 域"选择语言并显示国旗

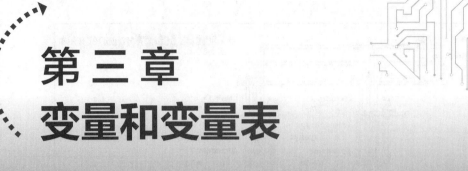

第三章
变量和变量表

第一节　HMI 和 PLC 系统中的变量及数据类型 ‹

一、变量和数据

在博途自动化工程软件系统中创建 HMI 设备项目或 PLC 设备项目时，软件系统会自动在 HMI（PLC）变量编辑器文件夹中生成一个默认变量表用来定义变量。在前两章的 HMI 项目的画面及画面对象的编辑组态实例中，可以看到使用变量来作为画面对象的属性参数、使用变量动态化画面及画面对象等。变量用于存放数据信息（数值或文本字符），用于在程序中准确描述反映各种项目工艺过程量和实现项目的工艺控制任务。

无论是编辑组态 HMI 项目，还是 PLC 项目，当需要使用数据（变量）时，通常要先在变量表中创建（定义/声明/添加）变量（即使直接在程序中创建的变量，系统也会自动将它登录在变量表中），然后在 HMI（PLC）程序中运用变量进行数据计算、数据交换和数据处理等。

一旦在变量表中添加一个变量并为之定义名称，软件系统就会在设备的存储器区指定一个存储单元，用来存放数值或字符。当工程项目需要定义许许多多的变量时，系统软件就会在存储区域开辟成百上千的存储单元，变量名称是识别区分存储单元的标志符号，因此变量名称必须是唯一的，在变量表中，不允许变量重名，否则，软件系统会在组态编辑时报错。对于初学者要理解，在 PLC 和 HMI 控制系统中，变量实质上就是被指定的存放数据的存储器单元。存储单元中的数据就是变量的值，之所以叫变量，是因为存储单元的数据是可以随时变化的。这同数学函数中的变量概念完全一致，工艺控制系统中有许多具有量化关系的过程控制量，有的数学关系清晰，有的数学关系模糊，为了准确执行工艺控制过程，通常要设计建立一套包含过程控制量及其数学关系的解决方案，也称为控制任务的数学模型，用编制的 PLC（HMI）程序自动执行控制任务，这些工作通常是从创建变量开始的。

二、常用数制及数制的运算

1. 常用数制及相互转换

在工艺工程计算时，常采用十进制数进行运算，这也是我们日常生活习惯的用法。十进制数制有 0~9 共十个数字，运算时逢十进一。

在 HMI 和 PLC 控制系统的 CPU（中央处理运算单元）内部存储和运算采用的是二进制的编码和算法。这是由数字电子电路的特性决定的。二进制只有 0、1 两个数字元素，各种数据信息用二进制数进行编码。用二进制计数时逢二进一。例如对于十进制的数 0、1、2、6、12、15 等六个数，如果用 4 位二进制数编码表示则为 0000、0001、0010、0110、1100、1111。可以看到 4 位二进制数有 16 种编码组合，最大可表示的数为 15。更大的数可以使用 8 位、16 位、32 位或 64 位二进制数表示。数字电路技术可以完美地保存、表现和处理常用的 1 位、4 位、8 位、16 位、32 位或 64 位二进制数。

一个 16 位二进制数 0101 1110 0011 1010，相当于十进制的多少数呢？二进制数从右到左的位号依次编为第 0 位、第 1 位、第 2 位、…、第 15 位。就像十进制的个位、十位、百位……，每一位的权重不同，十进制数从个位向左依次为 10^0、10^1、10^2、10^3……。二进制数的各位的权重从最低位 0 位向左（高位）依次为 2^0、2^1、2^2、2^3……。计算上述的二进制数转换到十进制数则为 $1\times2^{14}+1\times2^{12}+1\times2^{11}+1\times2^{10}+1\times2^9+1\times2^5+1\times2^4+1\times2^3+1\times2^1=24122$。位数为 1 的位号用 1 乘以权重数，然后相加在一起即可。

依据不同的二进制数编码规则，在数字电路（大规模集成电路或数字芯片）中可以用二进制数表达整数、浮点数、正负数、日期、时间、字符、字符串（语句）以及各种特殊数字或符号等。这是将人的思维、构想付诸机器（技术发展使其存储信息容量越来越大，处理速度越来越快）去描述、执行、实现的重要基础。

在 PLC、HMI 控制技术学习和程序编制、调试时，经常会看到使用八进制、十六进制、BCD 码等数制格式。为了区分十进制数，通常为其他数制的数添加前缀，如 2♯0101 1110 0011 1010 表示二进制数、8♯560 表示八进制数、16♯2E7B 表示十六进制数、BCD♯289 表示 BCD 编码格式的数据等。

八进制数只有 8 个数字元素，即 0、1、2、3、4、5、6、7。计数时逢 8 进 1（不会出现十进制数中的 8、9 数字）。同样，一个八进制数如 8♯560，等于十进制数 368，计算方法为 $8♯560 = 5 \times 8^2 + 6 \times 8^1 + 0 \times 8^0 = 368$。

十六进制数有 16 个数字元素，即 0、1、2、3、4、5、6、7、8、9、A、B、C、D、E、F，计数时逢 16 进 1。用 A、B、C、D、E、F 表示数值 10、11、12、13、14、15。如 16♯2E7B 等。

PLC、HMI 等设备内部最基础的数据存储和运算都是以 0/1 表示的二进制数的存储和运算，二进制数位数多，难以记忆、识读、书写（键盘输入），容易出错。而用八进制数、十六进制数表示二进制数比较方便，一位十六进制数可以表示四位二进制数，这样一个 16 位（或 32、64 位）的二进制数用 4 位（8、16 位）十六进制数表示，记忆和识读就方便多了，所以在组态编制、调试程序时，常用十六进制数、八进制数表示二进制数。例如 2♯0101 1110 0011 1010 = 16♯5E3A，可以看到用 4 位十六进制数 5E3A 可以表示 16 位二进制数。同样可用一个 6 位八进制数表示一个 16 位二进制数，如 2♯0 101 111 000 110 010 = 8♯057062。

二进制数和十六进制数、八进制数是如何转换的呢？

表 3-1-1 为 4 位二进制数与十六进制数的 16 个数字元素、BCD 编码数对应代码表。常被称为 8421 码。将一个二进制数，例如 2♯0101 1110 0011 1010 从右边最低位 0 位开始，每四位一组编排，按照表 3-1-1 的对应规则，将每四位二进制数转换成 8421 码的十六进制数，即完成了二进制数向十六进制数的转换。0101（16♯5）、1110（16♯E）、0011（16♯3）、1010（16♯A），于是，2♯0101 1110 0011 1010 = 16♯5E3A。

同样原理，二进制数转换成八进制数时，将二进制数从右向左每三位排在一起，将三位二进制数对应的八进制数值代换三位二进制数，即可完成转换工作。例如 16 位二进制数 2♯0 101 111 000 110 010，因 2♯0 = 8♯0、2♯101 = 8♯5、2♯111 = 8♯7、2♯000 = 8♯0、2♯110 = 8♯6、2♯010 = 8♯2，于是 2♯0 101 111 000 110 010 = 8♯057062 = 8♯57062。

十六进制数、八进制数向二进制数转换也很好理解。十六进制数的每一位按照 8421 编码规则，可以分解成 4 位二进制数，排列顺序不变，所形成的二进制数即完成十六进制数向二进制数的转换。八进制数亦然。

BCD 型数据是用 4 位二进制数表示十进制数，如表 3-1-1 所示。4 位二进制数有 16 种组合，取其中的 10 种组合表示十进制数的 0~9 共 10 个数字，其余 6 种组合在 BCD 编码中弃之不用。这样 8 位二进制数可以表示 0~99，16 位二进制数可以表示 0~9999 等，例如 BCD 编码的数 1001 0110 表示十进制的 96，16 位 BCD 码的二进制数 0011 0110 0000 0010 表示 3602。

例如 S7-300/400、S7-1500 支持的 S5TIME 类型定时器常采用 16 位二进制 BCD 编码的数据格式。

IEC 定时器不再使用 BCD 编码数据，直接采用 32 位二进制整数，获得广泛应用。

表 3-1-1　4 位二进制数与十六进制数 16 个元素、BCD 编码数对应代码表

二进制数	十六进制数	BCD 数	二进制数	十六进制数	BCD 数
0000	0	0	1000	8	8
0001	1	1	1001	9	9
0010	2	2	1010	A	—
0011	3	3	1011	B	—
0100	4	4	1100	C	—
0101	5	5	1101	D	—
0110	6	6	1110	E	—
0111	7	7	1111	F	—

注：表中编码也称 8421 码、BCD 码

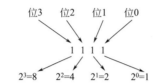

4位二进制数从左到右每位的权重数为8、4、2、1

2. 数制的运算

二进制数相加以最低位 0 位为基准，依次向左对位相加，逢二进一。例如 8 位二进制无符号整数的加运算：

```
    1011  0100        (180)
+   0011  0110        (54)
    ──────────────
    1110  1010        (234)
```

为了表示数值的正负号，对于有符号数，规定最高位为符号位，0 表示正（＋），1 表示负（－）。例如 8 位有符号整数 1011 1010 表示－58，为避免出现运算溢出等错误，规定 8 位有符号整数的值域范围－128～127。8 位无符号整数的值域范围 0～255。

二进制数的减运算要用到原码、反码和补码的概念。例如 0110 1010 的反码是将各位取反，原位为 1 则改为 0，原位为 0 则改为 1，于是原码 0110 1010 的反码为 1001 0101。反码＋1 就得到原码的补码。于是原码 0110 1010 的补码为 1001 0110。

参与二进制数减运算的二进制数是以其补码的形式进行加运算完成的。正的二进制数的补码是它本身，负的二进制数的补码是其正二进制数的取反＋1。例如下面两个 8 位二进制数的减运算。

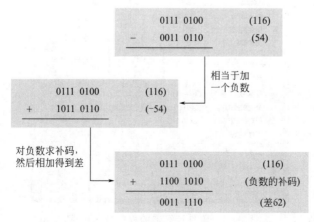

在 HMI、PLC 设备项目程序中经常使用二进制数的逻辑运算。逻辑运算主要有与（AND）、或（OR）、非（NOT）和异或（XOR）等运算。运算规则如下所述。

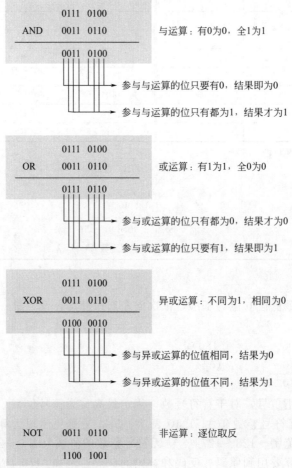

3. 计算器辅助数制转换和运算

在实际编程调试时，也常用 PC 操作系统的附件计算器运算和处理多种数制数据，见图 3-1-1 和图 3-1-2。

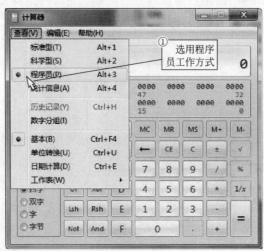

图 3-1-1　附件计算器的程序员工作模式

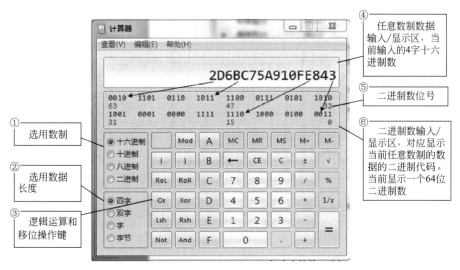

图 3-1-2 计算器使用

可选择数据的长度，如 8 位（字节）、16 位（字）、32 位（双字）和 64 位（四字或长字）。

可以操作各种数制数据的相互转换。例如十进制数转换成二进制数，首先点选十进制工作模式，然后输入十进制数，再点选二进制模式，当前显示为二进制表示的输入数。其他数制间转换操作同理。

想查看一个二进制数对应的十进制值，需输入二进制数，但位数较多的二进制数输入时易出错。在十进制模式，鼠标单击二进制数显示区的二进制数任意位，可以看到该位数值在 0/1 间转换，在此输入（改变）二进制数，上方显示区可看到对应的十进制数值。

可以操作任意数制数的算术和逻辑运算。例如 1011 AND 0110。也可进行移位操作。

三、 PLC 项目程序中的符号访问和绝对访问

当程序在运行过程中读写某个变量时，软件运行系统（或操作系统）会根据变量名称在变量存储区域找到那个变量单元并使用（读/写）其值，这种根据变量名称在变量存储区寻找并读/写变量的方法叫符号寻址或符号访问。

在设计组态 HMI 和 PLC 集成控制系统时，作为通信伙伴的 HMI 设备和 PLC 设备也是通过相互一一对应的变量实现两个设备之间的数据传送和交换的。要在 HMI 设备变量表中清晰指明 HMI 变量与 PLC 变量一一对应（映射）的关系。因此，对于 HMI 和 PLC 集成控制系统，既要掌握了解 HMI 设备的变量表和用法，又要熟悉掌握 PLC 设备的变量表和数据块的用法。不同于 HMI 项目，PLC 项目程序中既有变量的符号寻址或符号访问，也有变量的绝对寻址、绝对访问的概念。

PLC 变量存储区的最基本工作单元是位（Bit），8 个二进制的位组成一个字节（Byte），2 个字节组成一个字（Word），2 个字组成一个双字（Double Word）。这里的位、字节、字和双字等是描述存储单元大小（长短）的单位。PLC 中的存储单元是按照字节（Byte）依次编排的，如图 3-1-3 所示。以 M 存储区为例：MB0 表示存储单元的第一个字节，后面单元排列依次标记为 MB1、MB2···，M 是存储区域的标志符号，一般用于存储中间计算数据（很像传统逻辑控制电路中的中间继电器的作用，只是中间继电器只能表示 1 位的变量数据，通常通电表示 1，断电表示 0，继而其触点闭合表示 1，断开表示 0），B 表示字节（Byte）。用 MB0、MB1···标记存储单元的具体地址称为绝对地址，当程序用 MB0、MB1···的标记读写存储单元时，也称为绝对访问。

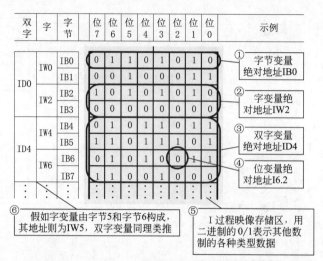

图 3-1-3 数据存储区位、字节、字与双字之间的关系（图中以 I 存储区为例）

可以访问存储区的位单元，如用 M0.0 表示第 1 单元的第 0 位，M12.6 则表示第 12 字节单元的第 6 位。

同样可以访问字单元和双字单元，如用 MW12 表示 M 存储区的第 12 字单元，也就是指向第 12 和第 13 字节单元，用字符 W（Word）表示字。用 MD12 表示 M 存储区的第 12 双字单元，它包含第 12～第 15 四个字节单元，也可以说包含第 12 和第 14 两个字单元，用字符 D（Double Word）表示双字。

依据这样的存储单元命名规则，存储区的任何一个存储单元，无论是位单元、字节单元、字单元还是双字单元都有一个确切的地址，即绝对地址。当我们在 PLC 变量中添加一个新变量时，既要给该变量编制一个名称（变量符号），又要给该变量安排一个具体的绝对地址。当 PLC 程序运行时，需要访问变量，既可以根据变量名称在众多变量中找到所需变量（符号寻址、符号访问），也可以根据变量的绝对地址找到变量（绝对寻址、绝对访问）。

PLC 设备还有 I、Q、D、T、C 等数据存储区，虽然都可作为数据存储区，但是作用不同。I 存储区称为输入映像存储区，用来接收从 DI、AI 硬件模块传送过来的信息数据，针对不同类型的接收数据，可以表示为 I0.1、IB10、IW20、ID20 等代表位、字节、字和双字数据变量；Q 存储区称为输出映像存储区，用来存放需要输出到 DQ、AQ 硬件模块的信息数据，同样可以表示为 Q0.1、QB10、QW20、QD20 等。在 I、Q、M 存储区保存的变量是在 PLC 变量表中创建的。

D 存储区称为数据块存储单元，由于现场工艺数据比较复杂，为提高处理数据的效率，PLC 专门建立了被称为数据块的存储区域，每个数据块都有唯一的名称和编号，作为地址便于寻址和访问。数据块存储单元也是以字节顺序编排的，当读写数据块中的变量数据时，用绝对地址 DB1.DBX2.0 表示编号为 1 的数据块的第 2 字节的第 0 位，用 DB2.DBB20 表示 2 号数据块的第 20 字节，同理用 DB3.DBW12、DB2.DBD20 表示数据块的字和双字存储单元的地址。数据块用 DB（Data Block）符号＋编号数字表示。数据块在 PLC 设备的程序块编辑器中创建。

四、变量的数据类型

1. HMI 变量的数据类型

HMI 变量的数据类型本质上同 PLC 变量的数据类型是一回事。HMI 变量数据类型的应用相对 PLC 变量的使用要简单一些。

在编辑组态 HMI 项目时使用的变量分为内部变量和外部变量两种。内部变量是指在 HMI 设备项目内部使用的变量，不参与 HMI 设备与其他设备组网连接所发生的变量通信（数据交换等）等操作。反之，在 HMI 设备和 PLC 设备的集成控制系统中，HMI 变量通过网络一一对应（映射）连接 PLC 变量，参与数据传送和交换，这类 HMI 变量称为外部变量。

无论 HMI 变量，还是 PLC 变量，其存储区中的变量数据长短大小不一，但以位为最基本单元，最小的数据只有一位，数据值只能表示二进制的 0 或 1，数据位长的可以是 4 位、8 位、16 位、32 位或 64 位，甚至更长，所能表示的数据值范围（值域）就很宽。这些是由变量的数据类型不同决定的。

由于现场工艺控制系统的数据应用种类繁多，例如生产线产量计件，可用整数；温度控制时，如果控制精度为 $\pm 1℃$（如 256℃），则可用带符号的整数，如果控制精度为 $\pm 0.1℃$（如 68.6℃），则必须用实数（浮点数），同样是温度控制，有些场合温度的变化范围较小（如 0～120℃），而有些则较大（如 0～1200℃），在变量表中定义变量数据类型时，没有必要将一个值变化范围较小的变量安排给一个较大（位数较多）的存储单元，系统操作变量时，既浪费存储单元容量，又影响运算速度。当定义添加的变量非常多时，这种浪费所带来的影响就非常大了。

工艺控制工程中的数据应用场合、应用要求千差万别，为了满足要求，同时还必须适应半导体存储器的特点和要求，适应 PLC 和 HMI 设备数据计算和处理效率的要求，PLC 和 HMI 系统为变量规定了一系列的数据类型。当用户使用变量时，要评估所用变量的取值范围，对照 HMI 和 PLC 系统定义的数据类型，为所添加的变量选择合适的数据类型。

在 HMI 变量表中添加变量时，如果定义的是内部变量，则必须为其选择数据类型。HMI 设备内部变量的常用数据类型如表 3-1-2 所示。可以看到位数越多的数据类型所表示的数据取值范围越大，例如 Int 型数据表示带正负号的 16 位整数，值域为 -32768～32767，程序中所用变量值如刚好在此范围内，就可以为该变量选用 Int 数据类型，若使用 DInt 类型也是可以的，但显然浪费存储资源，更重要的是 CPU 运算速度也大受影响，是不可取的。这也是进行数据类型划分的意义。

表 3-1-2 HMI 设备内部变量常用数据类型

HMI 数据类型	数据格式	取值范围
Array	一维数组	
Bool	二进制变量	0、1
DateTime	日期/时间格式	1990-01-01-00:00:00.000～2089-12-31-23:59:59.999
DInt	有符号 32 位数	-2147483648～2147483647
Int	有符号 16 位数	-32768～32767
LReal	64 位 IEEE 754 浮点数	$-1.79769313486232E+308～1.79769313486232E+308$
Real	32 位 IEEE 754 浮点数	$-3.402823E+38～3.402823E+38$
SInt	有符号 8 位数	-128～127
UDInt	无符号 32 位数	0～4294967295
UInt	无符号 16 位数	0～65535
USInt	无符号 8 位数	0～256
WString	文本变量,16 位字符集	可存放 0～254 个字符

HMI 的外部变量的数据类型取决于与之连接的 PLC 变量的数据类型，不需要在变量表中定义，当在为 HMI 外部变量连接到具体的 PLC 变量时，软件系统会根据所连的 PLC 变量的数据类型确定当前 HMI 变量的数据类型。

2. PLC 变量的常用数据类型

PLC 变量数据类型比 HMI 划分得更多更细，新型 S7-1200/1500 PLC 比 S7-300/400 PLC 的数据类型又增加了一些，以 S7-1500 PLC 支持的数据类型最多。这样做的目的是提升 PLC 程序的运算速度和执行效率。许多知名 PLC 厂商也都采取这样的做法。

PLC 变量通常在变量表和数据块中创建，如图 3-1-4 所示。在组态 HMI 设备的外部变量连接属性时，通常在 PLC 设备的变量表和数据块中找到对应连接（映射）的变量数据。

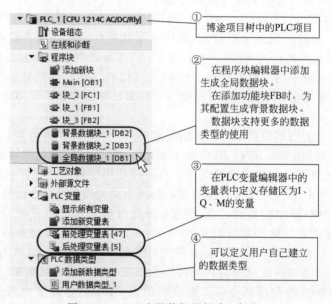

图 3-1-4　PLC 变量数据的创建和保存

在组态 HMI、PLC 集成控制系统时，连接通信 PLC 变量是一个重要的组态工作。这里对 PLC 变量及常用数据类型介绍如下。

PLC 常用的数据类型如表 3-1-3、表 3-1-4 所示。

表 3-1-3　S7-300/400 PLC 设备变量常用数据类型

PLC 数据类型		数据格式	取值范围
二进制数	Bool	二进制变量	0、1
	Byte	8 位字符串	二进制数表示：0000 0000～1111 1111 十六进制数表示：16#00～16#FF
	Word	16 位字符串	16#0000～16#FFFF
	DWord	32 位字符串	16#00000000～16#FFFFFFFF
整数	Int	有符号 16 位整数	−32768～32767
	DInt	有符号 32 位整数	−2147483648～2147483647
实数	Real	32 位 IEEE 754 浮点数	−3.402823E＋38～3.402823E＋38

PLC 数据类型		数据格式	取值范围
定时器	S5TIME	16 位 BCD 格式数据	S5T♯0MS ～ S5T♯2H_46M_30S_0MS 十六进制数表示:16♯0～16♯3999(S5 定时器使用数据)
	TIME	32 位无符号整数	T♯－24d20h31m23s648ms ～ T♯＋24d20h31m23s647ms 十六进制数表示:16♯00000000～16♯7FFFFFFF
日期日间	DATE	16 位无符号整数	IEC 日期表示年月日:D♯1990-01-01～D♯2168-12-31 十六进制数表示:16♯0000～16♯FF62
	TIME OF DAY (TOD)	32 位无符号整数	表示日时钟:TOD♯00:00:00.000～ TOD♯23:59:59.999
	DATE AND TIME (DT)	8 字节日期时间 BCD 格式数据	DT♯1990-01-01-00:00:00.000～ DT♯2089-12-31-23:59:59.999
字符	Char	8 位 ASCII 字符	ASCII 字符集
	String	ASCII 字符串(包括特殊字符)	最多可包括 254 个字符,字符在单引号中指定
复合数据	Array	若干同数据类型数据组成的 16 位限值的数组数据	一个数组最多可以包含 6 维,使用逗号隔开 维度限值下标限为[－32768,32767]
	Struct	由多种数据类型数据 组成的复合数据结构	应用结构中所用数据类型的取值范围, 作为一个数据单元来传送数据
参数数据	Pointer	参数型变量,6 字节长,是一个可指向特定变量的指针	
	Any	参数型变量,10 字节长,指向数据区的起始位置,并指定其长度	

表 3-1-4 S7-1200/1500 PLC 设备变量的常用数据类型

PLC 数据类型		数据格式	取值范围
二进制数	Bool	二进制变量	0、1
	Byte	8 位字符串	二进制数表示:0000 0000～1111 1111 十六进制数表示:16♯00～16♯FF
	Word	16 位字符串	16♯0000～16♯FFFF
	DWord	32 位字符串	16♯00000000～16♯FFFFFFFF
	LWord	64 位字符串 (S7-1500 适用)	无符号整数－9223372036854775808～18446744073709551615 十六进制数表示:16♯00000000～16♯FFFFFFFFFFFFFFFF
整数	SInt	8 位有符号整数(短整数)	－128～127 十六进制数表示:16♯0～16♯7F(正数)
	USInt	8 位无符号整数(短整数)	0～255 十六进制数表示:16♯0～16♯FF
	Int	16 位有符号整数	－32768～32767 16♯0～16♯7FFF(正数)
	UInt	16 位无符号整数	0～65535 十六进制数表示:16♯0～16♯FFFF
	DInt	32 位有符号整数(双整数)	－2147483648～2147483647 16♯00000000～16♯7FFFFFFF(正数)

PLC 数据类型		数据格式	取值范围
整数	UDInt	32 位无符号整数（双整数）	$-2147483648 \sim 2147483647$ $16\#00000000 \sim 16\#7FFFFFFF$
	LInt	64 位有符号整数（长整数） （S7-1500 适用）	$-9223372036854775808 \sim +9223372036854775807$ $16\#0 \sim 16\#7FFFFFFFFFFFFFFF$（正数）
	ULInt	64 位无符号整数（长整数） （S7-1500 适用）	$0 \sim 18446744073709551615$ $16\#0 \sim 16\#FFFFFFFFFFFFFFFF$
浮点数	Real	32 位 IEEE 754 浮点数	$-3.402823E+38 \sim 3.402823E+38$
	LReal	64 位 IEEE 754 浮点数	$-1.7976931348623158e+308 \sim +1.7976931348623158e+308$
定时器	S5TIME	16 位 BCD 格式数据 （S7-1500 适用）	S5T#0MS ～ S5T#2H_46M_30S_0MS 十六进制数表示:$16\#0 \sim 16\#3999$（S5 定时器使用数据）
	TIME	64 位无符号整数	T#$-24d20h31m23s648ms$ ～ T#$+24d20h31m23s647ms$ 十六进制数表示:$16\#00000000 \sim 16\#7FFFFFFF$
	LTIME	64 位无符号整数	LT#$-106751d23h47m16s854ms775\mu s808ns$ ～ LT#$+106751d23h47m16s854ms775\mu s807ns$ 十六进制数表示:$16\#0 \sim 16\#8000000000000000$
日期时间	DATE	16 位无符号整数	IEC 日期表示年月日:D#1990-01-01 ～ D#2168-12-31 十六进制数表示:$16\#0000 \sim 16\#FF62$
	TIME OF DAY (TOD)	32 位无符号整数	表示日时钟:TOD#00:00:00.000 ～ TOD#23:59:59.999
	LTIME OF DAY (LTOD)	64 位无符号整数 （S7-1500 适用）	LTOD#00:00:00.000000000 ～ LTOD#23:59:59.999999999
	DATE AND TIME (DT)	8 字节日期时间 BCD 格式数据 （S7-1500 适用）	DT#1990-01-01-00:00:00.000 ～ DT#2089-12-31-23:59:59.999
	DTL	12 字节日期时间数据	DTL#1970-01-01-00:00:00.0 ～ DTL#2262-04-11-23:47:16.854775807
	DATE AND LTIME (LDT)	64 位日期时间数据 （S7-1500 适用）	LDT#1970-01-01-0:0:0.000000000 ～ LDT#2263-04-11-23:47:16.854775808
字符	Char	8 位 ASCII 字符	ASCII 字符集
	WChar	16 位 Unicode 宽字符	\$0000 - \$D7FF
	String	ASCII 字符串（包括特殊字符）	最多可包括 254 个字符,字符在单引号中指定
	WString	Unicode 宽字符串	预设值:0～254 个字符 可能的最大值:0～16382
复合数据	Array	若干同数据类型数据组成 的 16 位限值的数组数据	一个数组最多可以包含 6 维,使用逗号隔开维度限值 下标限值为 [$-32768,32767$]
	Struct	由多种数据类型数据 组成的复合数据结构	应用结构中所用数据类型的 取值范围,作为一个数据单元来传送数据
参数数据	POINTER	参数型变量,6 字节长,是一个可指向特定变量的指针（S7-1500 适用）	
	ANY	参数型变量,10 字节长,指向数据区的起始位置,并指定其长度（S7-1500 适用）	
	VARIANT	VARIANT 类型的参数是一个可以指向不同数据类型变量的指针	

LWord、LInt、ULInt、LReal、LTIME、LTOD 和 LDT 数据类型只能通过符号名寻址。

二进制数、整数、浮点数等数据类型也称为基本数据类型，含义比较好理解。日期时间数据类型的应用详见后续章节，自定义数据类型等将在后面章节结合实例进行介绍。

第二节 HMI 和 PLC 的组网和连接

在设计组态 PLC、HMI 集成控制系统时，通常在分析工艺控制任务后，编制控制任务设计规划书，梳理编辑汇总工艺控制任务数据、变量表和数学模型计算提纲，编制控制设备选型表，构建 HMI、PLC 控制网络。

假设有如图 3-2-1 所示的 HMI 和 PLC 构建的控制系统。

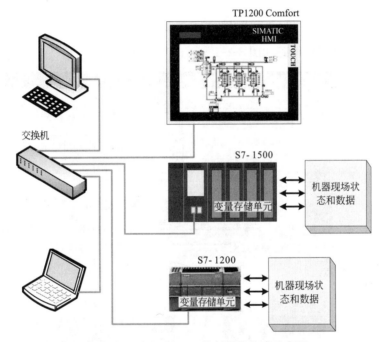

图 3-2-1　HMI 和 PLC 控制系统构建示意图

现场机器设备的状态和数据由传感器、变换器、各种开关、检测仪器仪表等经PLC-I/O 硬件模块输入到 PLC 变量存储器单元中，经程序运算处理，由变量存储单元经 PLC-I/O 输出模块传送到驱动器、执行器等设备或经通信网络传送到其他 PLC、HMI 设备。

在博途软件系统中可以描述和实现如图 3-2-1 所示的网络和连接。网络主要是指硬件设备及其之间的连线的集合，博途中的连接是指网络上设备之间的通信机制，连接指定设备之间通信所使用的通信协议或通信驱动程序。网络上的设备之间可能建立了硬件连接（线），但可能没有通信连接（软件连接），网络和连接是两个概念。工艺控制要求图中的 TP1200触摸屏既要与 S7-1500 PLC 连接通信，又要与 S7-1200 PLC 连接通信。

一、集成连接

下面在博途中创建图 3-2-1 的网络和连接。创建操作过程简述如图 3-2-2 所示。

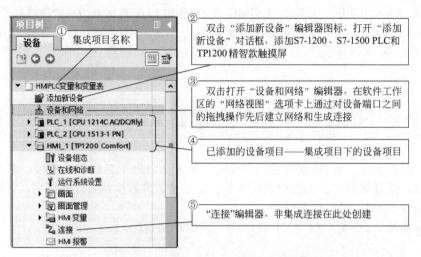

图 3-2-2　HMI 和 PLC 控制系统构建示意图

在博途软件工作区窗格得到如图 3-2-3 所示的网络视图。

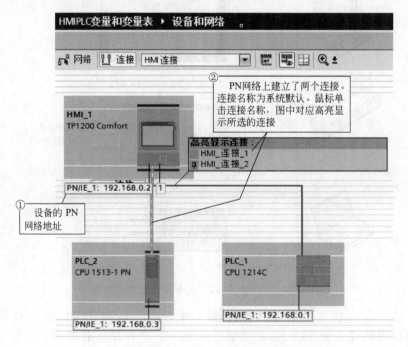

图 3-2-3　"设备和网络"编辑器中的网络视图

在"设备和网络"编辑器的"网络视图"上，通过在设备端口之间拖拽连线，赋予设备 PROFINET 或 PROFIBUS 网络地址，先建立网络后创建连接。这种在"设备和网络"编辑器的"网络视图"上创建的连接在博途中称为集成连接。

图中可看到建立了两个集成连接，名称为"HMI_连接_1"和"HMI_连接_2"。"HMI_连接_1"表示 TP1200 Comfort 触摸屏与 S7-1200 PLC（CPU1214C）（PLC 名称系统默认给出为 PLC_1）之间已组态了通信驱动，可以进行通信变量交互。"HMI_连接_2"则表示 TP1200 Comfort 与 S7-1500 PLC（CPU1513-1 PN）之间建立了通信，相互为通信伙伴。

　　同时，在属性组态巡视窗格，可以看到以太网络、每个具体的设备网络连接端口的属性参数和以太网地址等，可以组态修改。图 3-2-3 中各对象名称和地址等皆采用系统默认值。

　　这些连接名称（"HMI_连接_1"和"HMI_连接_2"）将应用在变量表和设备之间的通信组态操作中，用以指明变量数据交互是在哪些设备之间进行的（特别是网络上的设备很多时）。

　　图 3-2-4 是 PROFINET 和 PROFIBUS 网络的集成连接。

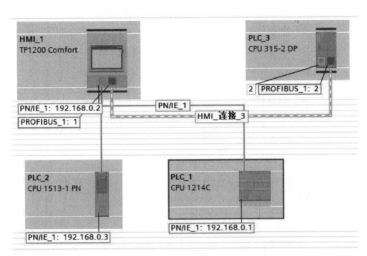

图 3-2-4　PROFINET 和 PROFIBUS 网络的集成连接

二、非集成连接

双击打开图 3-2-2 所示项目树中的"连接"编辑器，如图 3-2-5 所示。

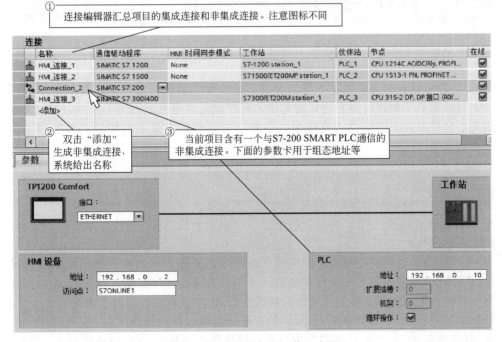

图 3-2-5　连接编辑器工作区窗格

在"连接"编辑器中通过双击"添加"创建的连接称为非集成连接。

"连接"表格给出项目中的所有与当前 HMI 设备连接的连接名称、通信驱动程序、每个连接所指向的通信伙伴等，表下方是组态编辑所选连接的地址等参数的区域。

集成连接的通信驱动程序，组态软件系统会自动给出。

非集成连接的通信驱动程序需要根据所连接的设备在"通信驱动程序"列中选择，如图 3-2-6 所示。非集成连接除支持西门子公司的 LOGO!、S7-200 SMART、S7-300/400、S7-1200/1500 PLC 外，也支持罗克韦尔（AB）、三菱、欧姆龙、莫迪康等知名自动化品牌的基于通用端口和网络的通信驱动程序。这使得这些品牌的 PLC 可以通过非集成连接的组态接到当前网络中来，这在工艺工程项目改造、多种自动化设备的项目集成方面具有重要意义。

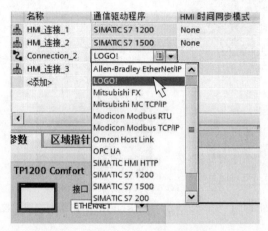

图 3-2-6   非集成连接支持的通信驱动程序

第三节   HMI 变量表及常规属性

经过本章前两节基本知识的铺垫，现在回到 HMI 变量表。如图 3-3-1 所示为 HMI 设备变量表。

① 双击名称列下的"添加"字符，生成新的变量，系统给出默认变量名。用户可以更改为一个与数据意义相符、容易记忆的名字。程序中的变量有成百上千个时，可以在项目树中多建几个变量表，便于归纳查找变量。系统会自动将各变量表的变量汇总到一个总变量表中。

② 如图 3-3-2 所示为 HMI 内部变量选定数据类型，外部变量的数据类型系统根据映射的 PLC 变量自动给出。

③ 如图 3-3-3 所示为 HMI 外部变量指定"连接"。

④ 软件系统会随着"PLC 变量"的组态确定自动给出当前 HMI 变量连接的 PLC 的名称，即设备的符号名。

⑤ PLC 中的变量和程序可能会因编程人员的习惯采用不同的变量访问模式（符号访问或绝对访问），早期程序多采用绝对寻址访问变量。为阅读程序方便，现在 PLC 的操作程序支持符号变量和符号访问，提倡符号访问模式。HMI 变量表要适应这些情况。

"PLC 变量"列，组态确认来自 PLC 的变量，博途软件操作如图 3-3-4 所示。

在 HMI 变量表中，"PLC 变量"主要来自博途集成项目中 PLC 设备的 PLC 变量表和数据块，一般基本数据类型的 PLC 变量显示变量的符号名，复合型变量会以"复合型变量名"

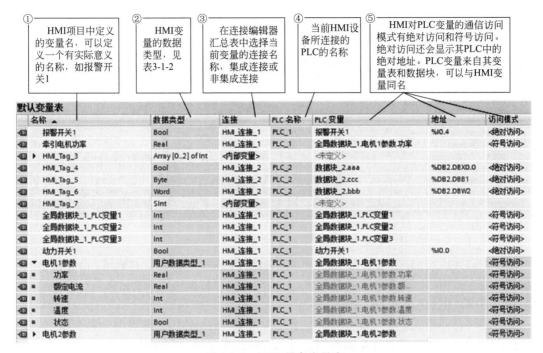

① HMI项目中定义的变量名，可以定义一个有实际意义的名称，如报警开关1

② HMI变量的数据类型，见表3-1-2

③ 在连接编辑器汇总表中选择当前变量的连接名称，集成连接或非集成连接

④ 当前HMI设备所连接的PLC的名称

⑤ HMI对PLC变量的通信访问模式有绝对访问和符号访问。绝对访问还会显示其PLC中的绝对地址。PLC变量来自其变量表和数据块，可以与HMI变量同名

默认变量表

名称 ▲	数据类型	连接	PLC 名称	PLC 变量	地址	访问模式
报警开关1	Bool	HMI_连接_1	PLC_1	报警开关1	%I0.4	<绝对访问>
牵引电机功率	Real	HMI_连接_1	PLC_1	全局数据块_1.电机1参数.功率		<符号访问>
▶ HMI_Tag_3	Array [0..2] of Int	<内部变量>		<未定义>		
HMI_Tag_4	Bool	HMI_连接_2	PLC_2	数据块_2.aaa	%DB2.DBX0.0	<绝对访问>
HMI_Tag_5	Byte	HMI_连接_2	PLC_2	数据块_2.ccc	%DB2.DBB1	<绝对访问>
HMI_Tag_6	Word	HMI_连接_2	PLC_2	数据块_2.bbb	%DB2.DBW2	<绝对访问>
HMI_Tag_7	SInt	<内部变量>		<未定义>		
全局数据块_1_PLC变量1	Int	HMI_连接_1	PLC_1	全局数据块_1.PLC变量1		<符号访问>
全局数据块_1_PLC变量2	Int	HMI_连接_1	PLC_1	全局数据块_1.PLC变量2		<符号访问>
全局数据块_1_PLC变量3	Int	HMI_连接_1	PLC_1	全局数据块_1.PLC变量3		<符号访问>
动力开关1	Bool	HMI_连接_1	PLC_1	动力开关1	%I0.0	<绝对访问>
▼ 电机1参数	用户数据类型_1	HMI_连接_1	PLC_1	全局数据块_1.电机1参数		<符号访问>
功率	Real	HMI_连接_1	PLC_1	全局数据块_1.电机1参数.功率		<符号访问>
额定电流	Real	HMI_连接_1	PLC_1	全局数据块_1.电机1参数.额...		<符号访问>
转速	Int	HMI_连接_1	PLC_1	全局数据块_1.电机1参数.转速		<符号访问>
温度	Int	HMI_连接_1	PLC_1	全局数据块_1.电机1参数.温度		<符号访问>
状态	Bool	HMI_连接_1	PLC_1	全局数据块_1.电机1参数.状态		<符号访问>
▶ 电机2参数	用户数据类型_1	HMI_连接_1	PLC_1	全局数据块_1.电机2参数		<符号访问>

图 3-3-1 HMI 设备变量表

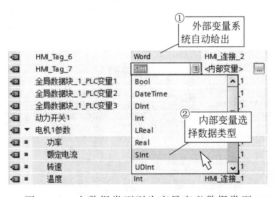

① 外部变量系统自动给出

② 内部变量选择数据类型

图 3-3-2 在数据类型列为变量定义数据类型

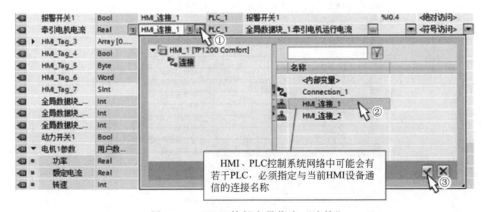

① ② ③

HMI、PLC控制系统网络中可能会有若干PLC，必须指定与当前HMI设备通信的连接名称

图 3-3-3 HMI 外部变量指定"连接"

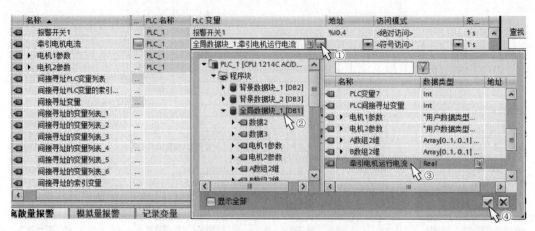

图 3-3-4　PLC 变量的组态

接 "." 符号后接 "元素变量名"，如 "电机 1 参数.电流" "1 号工艺数组.设定流量" 等。数据块中的变量则以 "数据块名称" 接 "." 符号后接 "数据块中的变量名"，如 "全局数据块 _1.牵引电机电流" 等。

对于绝对访问模式，在 "地址" 列显示绝对地址，在 HMI 变量表中全局变量绝对地址使用标识符 "%" 作为绝对地址的前缀。寻址方式见本章第一节介绍。

图 3-3-1 显示出了创建变量必要的常规属性列，还可以显示许多其他属性列，鼠标右键单击变量表的标题行，如图 3-3-5 所示，在展开的列选项中，可以勾选显示属性列，未选中则隐藏。我们在下节结合变量的属性巡视窗格，重点介绍一些变量属性的组态和用法。

图 3-3-5　HMI 变量表显示所有列

第四节　HMI 变量的其他属性及用法

如图 3-4-1 中当前所选变量的属性巡视窗格所示。左侧属性导航列中的"常规"和"设置"项显示内容同前述默认变量表各列的内容基本一致，同样可以在此组态变量的常规属性参数。

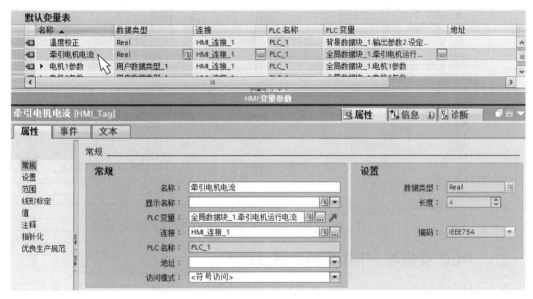

图 3-4-1　HMI 变量的属性巡视窗格

在"设置"属性项中有"采集模式"和"采集周期"两个参数，"采集模式"有三个参数选项：一般选用"循环操作"选项，即当所在的画面显示变量时，变量以"采集周期"设定的频率映射 PLC 变量值；而"循环连续"选项表示不管是否激活显示变量所在画面，HMI 变量持续在采集更新中，由于时刻需要与 PLC 通信，显然会增加通信负担，如非必要，不要使用，但是若组态了 HMI 外部变量越限报警功能，由于时刻要监视 PLC 变量的值，则要为其组态"循环连续"采集更新选项；选择"要求时"采集模式，则不循环更新变量，这时主要是通过脚本或使用"UpdateTag"系统函数更新变量。

"采集周期"表示 HMI 变量更新的间隔时间，可以在系统的"周期"编辑选项框中选择，周期可以自定义。外部变量更新周期的设定也与通信负荷相关，显然周期越小通信负荷越大。

"范围""线性标定"等属性项介绍如下。

一、设定限制变量的值域"范围"

可以为 HMI 变量设定"最大值"和"最小值"。如图 3-4-2 所示。

例如经常需要通过画面的 I/O 域为工艺过程输入设定值，如果工艺设定值在 100～300 之间，可以将 300、100 作为最大限值和最小限值组态给变量，这样当操作者在画面上输入数值时，系统只接受限值之间的数值，并显示变量的限值。

这两个限值也可以组态为变量。例如温度控制工艺分多个阶段，第一阶段设定值为 100～300 之间，第二阶段设定值为 300～500 之间，这时可用两个变量作为限值。

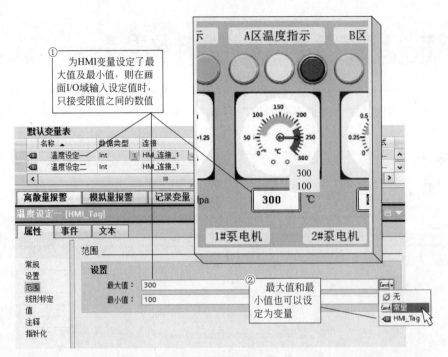

图 3-4-2　HMI 变量的变化范围的设定

二、PLC 变量与 HMI 变量的线性转换

对于 HMI 的外部变量，从 PLC 传送过来的变量数值如为 4～20 之间变化，而操作者习惯在画面上看到的是 0～100 之间的变化。这时可为 HMI 变量组态"线性标定"属性参数，如图 3-4-3 所示。

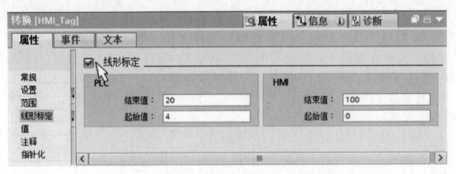

图 3-4-3　PLC 变量与 HMI 变量的线性转换

反之，操作者在画面中输入一个百分数的值，对应在 PLC 变量中的值则为 4～20 之间的值，这就免除了在 PLC 程序中的线性转换操作。

三、HMI 变量的地址指针寻址——多路复用指向 PLC 的多个变量

用变量存放数据存储单元的地址，根据变量中存放的地址到存储单元读写数据，这个（可能是若干个）存放存储单元地址的变量叫作地址指针。改变地址指针值，即改变地址指针变量中的地址，也就改变了需要读写数据的存储单元的指向。

也就是说，对于 HMI 的外部变量，当在 HMI 变量表中组态映射 PLC 变量时，我们之

前都是直接找到 PLC 变量，并将变量的绝对地址或符号名组态在变量表的"地址"列中
（也称为直接寻址），而采用地址指针寻址访问 PLC 数据存储单元时，"地址"列不是输入单
元地址或单元符号，而是输入变量（也称为间接寻址），改变该地址指针变量也就改变了地
址，也就是在 HMI 设备中，一个 HMI 外部变量由于采用了地址指针的寻址方式，可以分
时接收多个 PLC 变量的值，或者一个 HMI 外部变量可以向多个 PLC 变量发送数据，这种
寻址操作方式也称为多路复用。

下面用仿真示例说明地址指针寻址方式的用法。

1. 绝对地址访问的地址指针

步骤一

通过"添加新设备"创建 HMI 和 PLC 集成项目，通过"设备和网络"编辑器创建
HMI 和 PLC 之间的网络和集成连接。如图 3-4-4 所示。

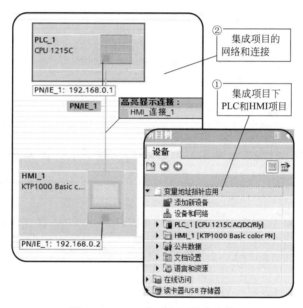

图 3-4-4　PLC 与 HMI 集成连接

步骤二

在 PLC 项目的"程序块"中通过"添加新块"创建一个全局数据块和一个背景数据块，
且数据块取消"优化的块访问"属性。

为了在 HMI 设备上通过地址指针多路复用访问 PLC 中的数据，先在 PLC 程序块中创
建一个全局数据块 DB1 和一个 FB1 功能块的背景数据块 DB2。由于博途系统默认创建的数
据块为优化访问模式（仅支持符号访问），因此创建好后，将其块属性取消"优化的块访问"
选项，如图 3-4-5、图 3-4-6 所示。

步骤三

分别在数据块中预设几个变量数据。双击打开"数据块_1［DB1］"，如图 3-4-7 所示，
声明定义几个变量，并预设"启动值"，然后"编译"该数据块，系统自动给出当前各变量
在数据块存储区的绝对地址，并显示在"偏移量"列中。

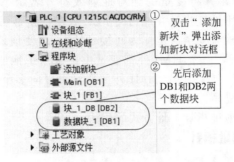

图 3-4-5　在 PLC 项目中添加全局数据块和背景数据块

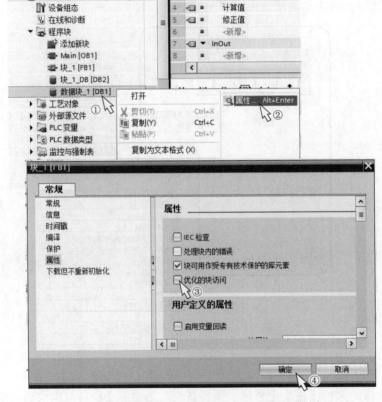

图 3-4-6　在数据块的常规属性中取消"优化的块访问"

	名称	数据类型	偏移量	启动值	保持性	可从 HMI ...	在 HMI ...
1	▼ Static						
2	电压值	Int	0.0	380	☐	☑	☑
3	功率值	Int	2.0	15	☐	☑	☑
4	电流值	Int	4.0	28	☐	☑	☑

数据块_1

变量地址指针应用 ▶ PLC_1 [CPU 1215C AC/DC/Rly] ▶ 程序块 ▶ 数据块_1 [DB1]

图 3-4-7　在全局数据块 DB1 中预设变量数据

背景数据块中也预设几个变量数据，如图 3-4-8 所示。变量声明要在 FB1 功能块的变量声明表中定义，注意之后要做"编译"该块的操作。

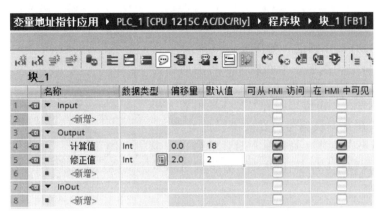

图 3-4-8　在背景数据块中预设变量数据

步骤四

在 HMI 项目的变量表中定义 3 个使用地址指针功能的 HMI 变量。如图 3-4-9 所示。

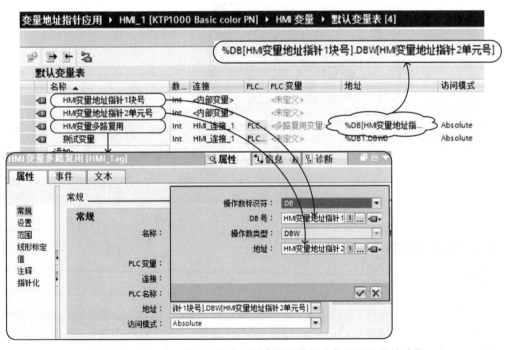

图 3-4-9　在 HMI 项目变量表中创建变量并组态使用地址指针功能

其中 2 个 HMI 内部变量，分别用来指定 PLC 的数据块编号和数据块内的绝对地址。另外一个外部变量用来多路复用寻址 PLC 的多个数据单元。这个多路复用变量根据其他 2 个内部变量提供的地址可以寻址 PLC 的多个变量单元。

可以通过系统函数或自定义 VB 函数改变 2 个内部变量的值，从而改变地址指针；也可以将 2 个内部变量改成外部变量，即由 PLC 程序根据控制逻辑决定地址指针的值。

图 3-4-9 显示在多路复用变量的属性巡视窗格，在常规属性"地址"输入格用前面创建的 2 个内部变量分别作为 DB 号和地址。

步骤五

编辑组态 HMI 演示画面。如图 3-4-10 所示。

在 HMI 项目中，添加一个新画面，将前面创建的三个变量作为 I/O 域的过程变量组态在画面上。其画面运行效果：当在"块编号指针" I/O 域中输入想要传送数据的所在数据块编号，在"单元地址指针" I/O 域输入数据块内地址（偏移量）时，就会在"多路复用的 HMI 变量" I/O 域中得到地址指针所指数据单元中的数据。

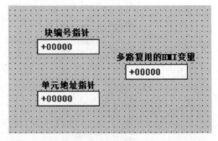

图 3-4-10　多路复用 HMI 变量演示画面

步骤六

地址指针功能仿真演示。如图 3-4-11 所示为仿真演示效果。之前在全局数据块 DB1 存储区 2 单元预存数据 15，在背景数据块 DB2 的 0 单元预存数据 18，见图 3-4-7 和图 3-4-8。仿真演示结果正确。

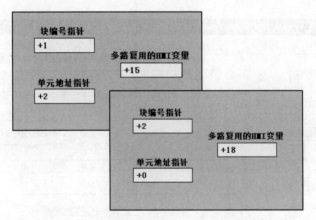

图 3-4-11　多路复用 HMI 变量仿真演示画面

2. 符号地址访问的地址指针

步骤一

我们还沿用前述的 HMI 和 PLC 集成项目，在 PLC 项目的"程序块"中"添加新块"——"数据块 _ 2［DB3］"，并在打开的"数据块 _ 2［DB3］"中"新增"10 个 Int 型元素数据的数组变量，为每个元素数据赋值，如图 3-4-12 所示。

步骤二

在 HMI 项目的"变量表"中"添加"2 个新变量，一个内部变量作为地址指针，另一个外部变量作为多路复用变量符号寻址访问 PLC 多个数据单元。HMI 变量创建和多路复用变量的组态，如图 3-4-13 所示。

变量名为"地址指针符号寻址变量"的变量即是符号寻址的多路复用变量，其访问模式

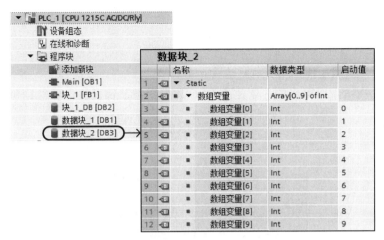

图 3-4-12　创建全局数据块和数组变量

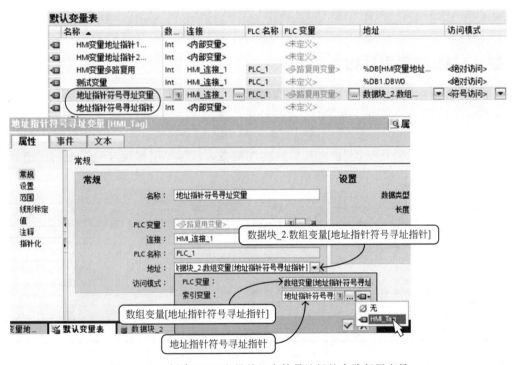

图 3-4-13　创建 HMI 变量并组态符号访问的多路复用变量

为"符号访问"。在常规属性的"PLC 变量"输入格选择步骤一创建的 PLC 数组变量的任一元素变量。然后，在"地址"输入格的索引变量选择变量寻址，变量则选为"地址指针符号寻址指针"内部变量。

步骤三

编辑组态画面，为步骤二创建的两个变量各组态一个画面 I/O 域，如图 3-4-14 所示。

在图中的"符号地址索引指针"I/O 域中输入步骤一所建 PLC 数组变量的下标号（整数），则对应在

图 3-4-14　组态 HMI 画面及两个 I/O 域

"多路复用的 HMI 变量" I/O 域中显示数组变量的元素数据值。

步骤四

仿真查看符号访问的地址指针寻址方式的效果。

如图 3-4-15 所示，对照步骤一创建的 PLC 数组变量及预设值，可以看到仿真正常。

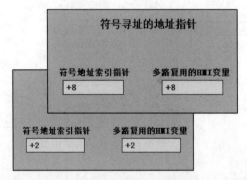

图 3-4-15　符号访问的地址指针寻址方式的仿真效果

四、HMI 变量指针化

1. HMI 变量指针化的概念和组态操作步骤

如图 3-4-16 所示，下面一边介绍变量指针化的组态方法，一边介绍变量指针化的概念。

① 在 HMI 变量表中"添加"两个变量，命名为"指针化变量"和"指针化变量的索引变量"。

② 鼠标选中"指针化变量"，在其属性巡视窗格，鼠标单击属性导航列中的"指针化"标签，属性组态区显示如图 3-4-16 所示。

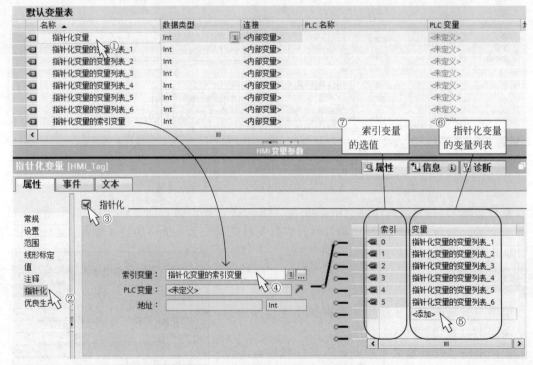

图 3-4-16　HMI 变量的指针化间接寻址

③ 鼠标勾选"指针化"选项。这时即把名称为"指针化变量"的 HMI 变量定义为指针化变量。通常把名称为"指针化变量"（可以是任意名称，这里为方便识别）的 HMI 变量叫做指针化变量。

指针化变量根据索引变量的值寻址变量列表中的变量，在前面变量表中创建的名称为"指针化变量的索引变量"就是要用的索引变量。

④ 在"索引变量"输入格选择输入之前创建的变量"指针化变量的索引变量"。

⑤ 组态变量列表，这些变量必须已经定义，可能处在集成系统的不同位置，通过组态操作罗列在一起，并对应一个索引变量的值。

⑥ 这些以表格形式组态在一起的变量就是指针化变量的变量列表。

⑦ 在运行系统中，指针化变量根据索引变量的值对应访问变量列表中的变量。

2. HMI 指针化变量的仿真操作

在 HMI 项目"画面"文件夹中"添加新画面"并命名为"HMI 变量指针化仿真示例"。在画面上编辑组态如图 3-4-17 所示的若干 I/O 域，并组态其过程变量。

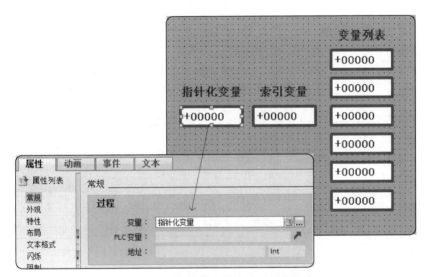

图 3-4-17　指针化变量演示画面的组态

单击"开始仿真"工具按钮，仿真画面如图 3-4-18 所示。

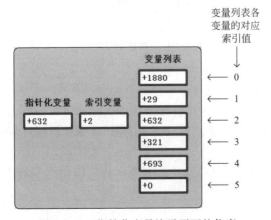

图 3-4-18　指针化变量演示画面的仿真

可以看到，当在画面上"索引变量"I/O域输入索引值时，两侧"指针化变量"和索引值指向的"变量列表变量"数据一致。

第五节　HMI 变量的事件

可以编辑组态变量在工艺控制系统运行时，由于变量值的不同变化等事件触发执行系统函数或自定义 VB 函数。

如图 3-5-1 所示组态变量的事件，其功能是：当检测到的温度值超过上限值时，HMI 设备自动从当前画面跳转显示"机器运行状态和参数画面"，然后将"报警开关"变量置1。具体做法如下。

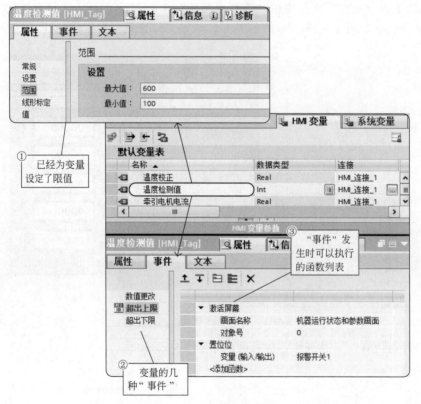

图 3-5-1　HMI 变量的事件

① 变量表中有变量"温度检测值"外部变量，接收 PLC 设备检测并传送过来的实时温度值。已为该变量的"范围"组态设定了最大值和最小值。

② 选中该变量的同时，单击打开属性窗格中的"事件"选项卡。可以看到变量的几种"事件"："数值更改"（变量值有变化）；"超出上限"（变量值超过最大值）；"超出下限"（变量值低于最小值）。

③ 这些事件一旦发生，HMI 运行系统即触发执行组态的列表函数。函数列表中可以是系统函数，也可以是用户自定义函数（VB 脚本）等。

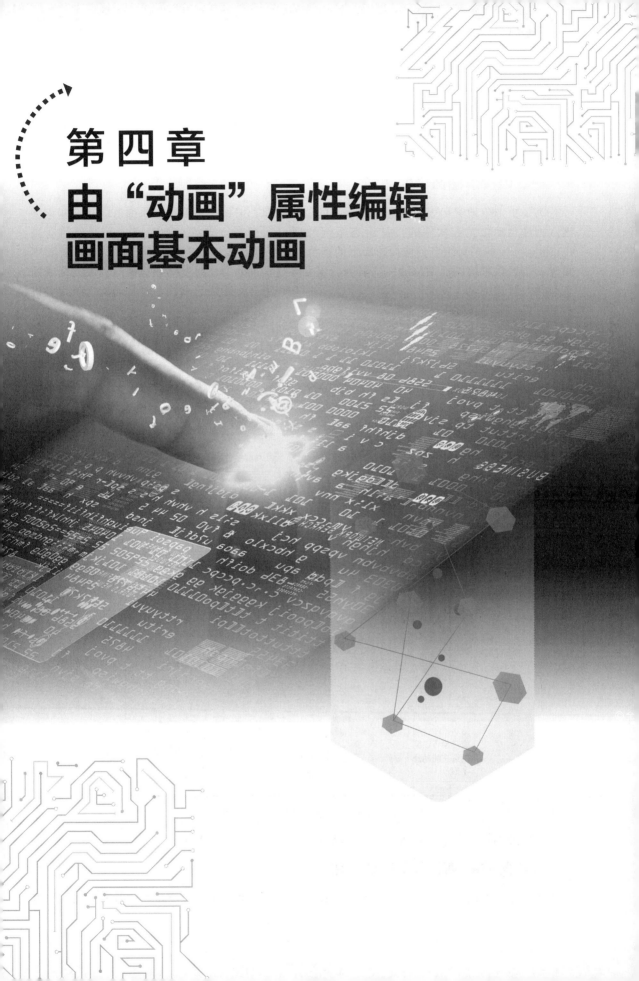

第四章
由"动画"属性编辑画面基本动画

第一节　简介

一、触摸屏画面中的动画

为了更形象地突出表现设备工艺系统的工作原理、工作过程以及工作细节的动态变化情况，博途自动化工程软件的设计组态系统和项目运行系统支持对画面及画面对象的动画（animation）的编辑组态。例如画面上的指示灯的亮灭及闪烁，字符等画面对象的可见和不可见，工艺设备的画面颜色随内部温度、压力等过程量的变化而变化，机械部件的直线或曲线运动，管道中流体的流动，阀门或开关的打开和闭合，燃烧的火焰，转动的输送带，电机或卷轴的转动及调速等。

动画的编辑组态通常在属性编辑巡视窗格中的"属性""动画"和"事件"选项卡上操作，如图 4-1-1 所示。当在画面组态工作区窗格中选择对象后，在"动画"选项卡上会显示可以为该对象组态编辑的动画类型（animation types），包括画面对象属性的变量连接、画面对象的动态显示和移动。本章以实例重点学习这些基本动画类型的组态编辑方法，表现力更丰富的动画也是由这些基本动画类型构成的，或者再配合组态一些系统函数或脚本函数。运用"事件"选项卡组态编辑动画的方法，将在后面章节学习了系统函数和脚本（自定义函数）后再加以介绍。

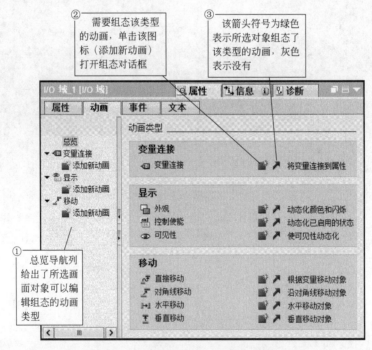

图 4-1-1 "动画"属性编辑巡视窗格

动画的编辑组态也可以从右侧的"动画"选项板开始。如图 4-1-2 所示。

二、博途中 WinCC 的动态化

动画是博途画面对象动态化（dynamics）的一种。动态化是指使画面的对象及属性、连

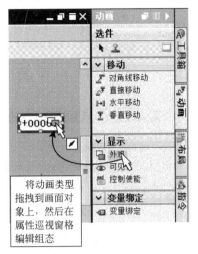

将动画类型拖拽到画面对象上，然后在属性巡视窗格编辑组态

图 4-1-2 "动画"选项板

接变量等能自动变化的组态编辑过程和运行过程。通常在一个画面中可以动态化所编辑组态的所有画面对象。动态化的表现方式有动画、变量变化、系统函数和自定义函数（脚本）等，一般结合属性编辑巡视窗格中的"属性""动画"和"事件"三个选项卡一起操作运用，实现动态化。动态化功能和可用的事件取决于所选用的设备（如精简屏、精智屏或 PC）和所选择的对象（如 I/O 域、按钮或矩形图形等）。

第二节　动画类型之一：画面对象属性的变量连接 ‹

　　画面对象的属性可以连接变量（tag connections），从而使对象属性动态化，在画面上呈现动画效果，为表现工艺系统的性能参数服务。如图 4-2-1 所示，用"I/O 域"画面对象显示温度监控值，"I/O 域"具有"限制"属性，将该属性连接变量，"I/O 域"显示即可组态动态化效果。假设正常温度在 220～260℃范围内，在运行画面中背景色（实心）为白色；当低于 220℃时，呈蓝色显示；高于 260℃则呈红色显示。通过这样的画面动态变化提示现场工作人员当前设备工艺系统的性能参数。

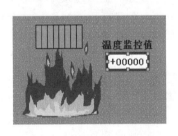

图 4-2-1 "I/O 域""限制"属性的动态化

　　组态步骤如下。

步骤一 ▸

　　在变量表中预定义一个名称为"温度的限制值"的变量　在变量表的巡视窗格的"属性"→"属性"→"范围"参数组态界面，为"最大值"和"最小值"分别设置常数 260 和 220。

步骤二 ▸

　　I/O 域"限制"属性的组态　鼠标点击画面中的"I/O 域"，选中该对象。

点击打开属性编辑巡视窗格的"属性"→"属性"→"限制"→"颜色"参数组态界面，为"超出上限"设置红色，"低于下限"设置蓝色。

步骤三

为属性的动态化绑定变量　点击打开"属性"→"动画"→"变量连接"组态界面，如图 4-2-2 所示。

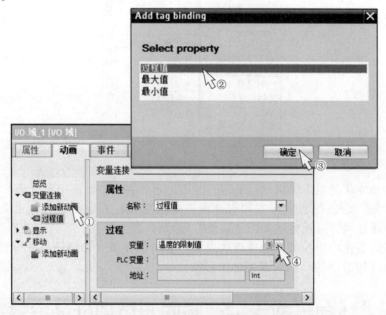

图 4-2-2　为属性的动态化绑定变量

双击"变量连接"类型下的"添加新动画"命令，弹出绑定变量（Add tag binding）对话框，在选择属性（Select property）列中选择可以绑定变量的属性。如前所述，对象属性可否连接变量动态化，取决于所用的设备和所选的对象。

选择"过程值"后，单击"确定"。随后设定"温度的限制值"变量。

步骤四

仿真查看动画效果　单击"在线"→"仿真"→"使用变量仿真器"菜单命令，弹出运行仿真画面和如图 4-2-3 所示的仿真变量表，并按图示设定变量仿真。查看仿真画面，可以看到"温度的限制值"变量在 $100\sim300$ 之间变化时"I/O 域"的动画效果。

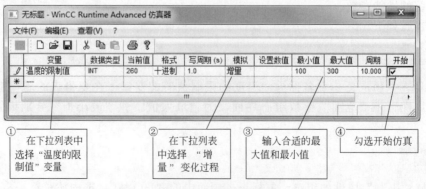

图 4-2-3　仿真变量表

第三节　动画类型之二：画面对象外观的各种变化显示 ❮

在图 4-1-1 中动画类型"显示"（display）有三种：外观（appearance）、控制使能（control enable）和可见性（visibility）。本节用三个实例介绍它们的编辑组态方法。

一、外观（对象的外观颜色变化和闪烁）

第一章第三节给出了一个物料罐体颜色随物料温度改变而变化的实例，见图 1-3-7。下面再介绍一个实例。

对于大型电动机或大型轴承，通常会监控其运行温度，当其温度超过限值时，画面中的电动机图形闪烁显示。其编辑组态步骤如下。

步骤一

使用"符号库"（精智屏支持的画面对象）中的电动机图形　将"符号库"画面对象拖拽到画面中，找到"符号库"中的电动机图形，调整大小布局在工艺流程图的相应位置（"符号库"用法见第一章第三节）。

步骤二

在变量表中预定义"电动机温度"的变量　为其"最大值"属性设定常数 65。

步骤三

为属性的动态化绑定变量　同上一节所述，在电动机"符号库"图形的"动画"属性中绑定连接变量"电动机温度"。

步骤四

组态电动机符号库图形的"闪烁"属性　点击打开"属性"→"闪烁"组态界面，组态参数如图 4-3-1 所示。

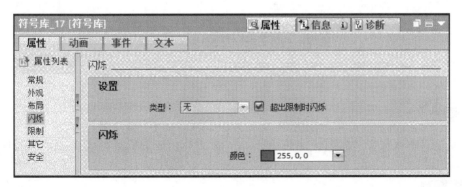

图 4-3-1　"闪烁"属性的组态

步骤五

仿真查看动画效果　同上节。

二、控制使能（启用对象动态化）

画面对象都有各自的功能，例如在通常情况下用"I/O 域"输入设置/输出显示数据，

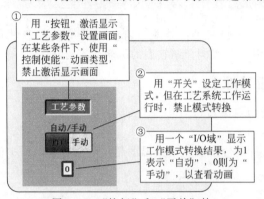

① 用"按钮"激活显示"工艺参数"设置画面，在某些条件下，使用"控制使能"动画类型，禁止激活显示画面

② 用"开关"设定工作模式。但在工艺系统工作运行时，禁止模式转换

③ 用一个"I/O 域"显示工作模式转换结果，为 1 表示"自动"，0 则为"手动"，以查看动画

图 4-3-2 "按钮"和"开关"的"控制使能"动画类型的示例

"按钮"用来发出执行各种命令，"开关"用来设置开关量或工作模式等。由于工艺系统中的各要素、参数等都是相互关联的，有自己的内在控制逻辑和工艺要求，为满足这种监控需求，有时（一定工艺监控条件下）需要禁用画面对象的功能，例如在工艺系统正常运行期间不再允许通过"I/O 域"输入工艺数据，或者不再允许某些按钮发出控制命令，或者工作模式不可改变等，直到机器设备系统停下来后方可恢复其常规功能。上述这些要求可以通过"控制使能"动画类型实现。

示例如图 4-3-2 所示，编辑组态步骤如下。

1. 按钮"控制使能"动画的编辑组态

步骤一

先为"按钮"组态一个动态化功能，然后组态"控制使能"功能 如图 4-3-3 所示，先为"按钮"组态好单击翻页的功能。当条件不成立的时候，在运行系统下"按钮"画面翻页功能可正常操作。

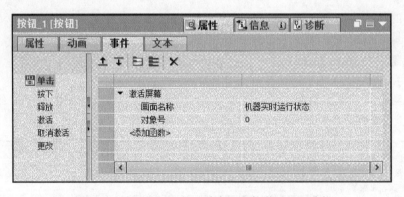

图 4-3-3 为"按钮"的"单击"事件激活画面功能

步骤二

在变量表中预定义"控制使能按钮条件"的变量 这个变量可以作为"控制使能"的条件。

步骤三

在按钮的"动画"→"显示"→"控制使能"界面组态"控制使能"功能 如图 4-3-4 所示的编辑组态说明。

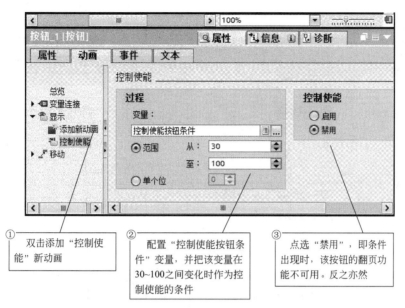

| ① 双击添加"控制使能"新动画 | ② 配置"控制使能按钮条件"变量，并把该变量在30~100之间变化时作为控制使能的条件 | ③ 点选"禁用"，即条件出现时，该按钮的翻页功能不可用。反之亦然 |

图 4-3-4　为"按钮"组态"控制使能"动画效果

步骤四

　　仿真查看动画效果　运用仿真变量表仿真，当"控制使能按钮变量"在30～100范围之外变化时，按钮的翻页功能可正常使用；反之，翻页功能被禁用。

2. 开关"控制使能"动画的编辑组态

　　图 4-3-2 中"开关"画面对象的"控制使能"动画组态方法同上述，即在某些条件下，运行画面中（或仿真时）的"开关"不能操作。请读者朋友试着练习做一下。

三、可见性（不同条件下对象可见或不可见）

　　为介绍触摸屏画面对象动画编辑组态的基本方法，在第一章第二节的图 1-2-20 的示例中已经介绍了对象可见性动画类型的应用。掌握基本方法、基本概念很重要，在此基础上，可以编辑组态表现力更丰富些的动画。

　　下面介绍用一个指示灯的四种亮光色表示机器设备的四种工作状态的方法，并介绍属性巡视窗格的"事件"选项卡及系统函数的用法。

　　编辑组态步骤如下。

步骤一

　　四色指示灯动画示例的画面编辑组态　如图 4-3-5 所示。

步骤二

　　在变量表中预定义变量　如图 4-3-6 所示。

　　这几个变量都是"Bool"类型，例如正常启动时为 1，机器其他状态时为 0，余同。

　　在实际应用系统中，这些变量都应是"外部变量"，变量值来自 PLC 的数据通信，这里为方便模拟仿真，定义为"内部变量"。在后续的章节实例中介绍 PLC＋HMI 控制系统的模拟仿真时，就会使用到"外部变量"。

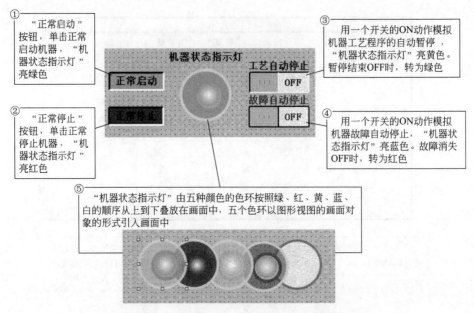

① "正常启动"按钮，单击正常启动机器，"机器状态指示灯"亮绿色

② "正常停止"按钮，单击正常停止机器，"机器状态指示灯"亮红色

③ 用一个开关的ON动作模拟机器工艺程序的自动暂停，"机器状态指示灯"亮黄色。暂停结束OFF时，转为绿色

④ 用一个开关的ON动作模拟机器故障自动停止，"机器状态指示灯"亮蓝色。故障消失OFF时，转为红色

⑤ "机器状态指示灯"由五种颜色的色环按照绿、红、黄、蓝、白的顺序从上到下叠放在画面中，五个色环以图形视图的画面对象的形式引入画面中

图 4-3-5　编辑组态四色指示灯示例画面

默认变量表

	名称 ▲	数据类型	连接	PLC 名称	PLC 变量
◀▥	正常启动	Bool	<内部变量>		<未定义>
◀▥	正常停止	Bool	<内部变量>		<未定义>
◀▥	故障自动停止	Bool	<内部变量>		<未定义>
◀▥	工艺自动停止	Bool	<内部变量>		<未定义>

图 4-3-6　在变量表中预定义变量

步骤三

通过"事件"选项卡编辑组态"单击"按钮/"开关"开关，执行系统函数任务（功能）

① 鼠标点击选中图 4-3-5 画面中的"正常启动"按钮，打开其属性巡视窗格的"事件"选项卡组态界面，鼠标点击选择"单击"事件，在右侧的函数列表中选择图 4-3-7 所示的两个系统函数，并为函数配置参数和参数变量："正常停止"和"正常启动"。这表示当在运行

① "按钮"画面对象可用的"事件"，不同对象、不同设备，可用事件不同。鼠标点击选择所用的事件，然后在右侧函数列表中设置函数。粗体字的事件表示已经组态了系统函数或自定义函数

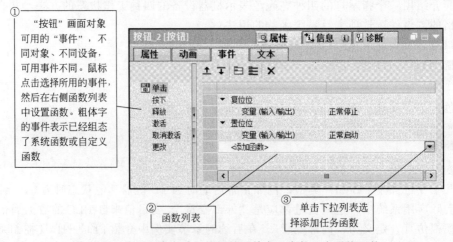

② 函数列表

③ 单击下拉列表选择添加任务函数

图 4-3-7　为"正常启动"按钮的"单击"事件组态系统函数

系统中单击"正常启动"按钮时，运行系统会执行系统函数"复位位"和"置位位"，将"正常停止"布尔变量复位为 0，将"正常启动"布尔变量置位为 1。

② 同理，为"正常停止"按钮、"工艺自动停止"和"故障自动停止"两个开关的"打开"事件分别编辑组态，如图 4-3-8～图 4-3-10 所示。

图 4-3-8　为"正常停止"按钮的"单击"事件组态系统函数

图 4-3-9　为"工艺自动停止"开关的"打开"事件组态系统函数

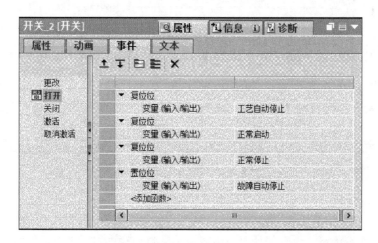

图 4-3-10　为"故障自动停止"开关的"打开"事件组态系统函数

步骤四

为"开关"组态过程变量 如图 4-3-11 所示，为"工艺自动停止"开关连接过程变量，模拟实际运行系统中因工艺要求机器在运转中的暂停，暂停则 ON，当在画面中关闭该开关，表示工艺暂停结束，恢复机器运转，连接的过程变量变为 0。

图 4-3-11 为"工艺自动停止"开关的"常规"属性组态过程变量

同样，为"故障自动停止"开关连接"故障自动停止"变量。故障解除，则将机器恢复到正常停止状态，等待正常开机。

步骤五

为四色机器状态指示灯的四种颜色的灯片编辑组态"不可见"动画 图 4-3-5 中的绿、红、黄、蓝四种颜色的圆环灯片，在机器上电工作后只能有一个可见，正常启动工作时，绿灯亮，其他圆环灯片在画面中不可见；同理，工艺自停时，黄灯亮起，其他颜色灯不可见。

每一种颜色的灯都为其组态图 4-3-12 所示的参数，当相应的过程变量为 1 时，运行画面上，可见该颜色的灯。同时由于前述的"事件"系统函数的组态，其他色灯不可见。

图 4-3-12 为绿色灯图形视图编辑组态"可见/不可见"类型的动画

步骤六

保存编译，仿真测试 保存编译时，组态系统会自动检查编辑组态工作的合法性，并在属性巡视窗格的"信息"→"编译"选项卡给出编译结果描述，辅助勘误。如图 4-3-13 所示。

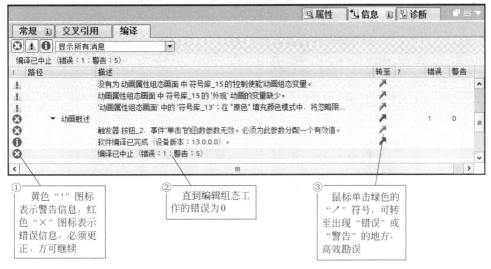

① 黄色"！"图标表示警告信息，红色"×"图标表示错误信息，必须更正，方可继续

② 直到编辑组态工作的错误为 0

③ 鼠标单击绿色的"↗"符号，可转至出现"错误"或"警告"的地方，高效勘误

图 4-3-13　编译信息解读

仿真，查看效果。

第四节　动画类型之三：画面对象的移动

如图 4-1-1 所示"动画"属性窗格支持的画面对象的移动（movements）类型包括直接移动（direct movement）、对角线移动（diagonal movement）、水平移动（horizontal movement）和垂直移动（vertical movement），本节介绍这些移动的基本编辑组态方法。

画面的坐标原点在画面的左上角，X 轴正向向右，Y 轴正向向下，以画面像素数作为坐标值，像素间的距离作为单位。

每个画面对象的"属性"→"布局"→"位置和大小"参数域都显示对象在画面中的 X/Y 位置坐标值和以像素单位衡量的长宽大小值。

画面对象向右/向下移动时，X 轴/Y 轴坐标值增加，反之则减少。

一、水平移动和垂直移动示例

1. 画面对象水平移动的编辑组态

步骤一

在变量表中添加预定义的变量　在变量表中预定义"水平移动 X1"和"垂直移动 Y1"变量，Int 型。

步骤二

将画面对象放置在起点位置　如图 4-4-1 所示，这里的画面对象选用"符号库"中的板条箱，沿输送带做水平移动。鼠标拖拽调整（可以配合键盘上的四个方向键轻移画面对象）板条箱到图示起点位置。

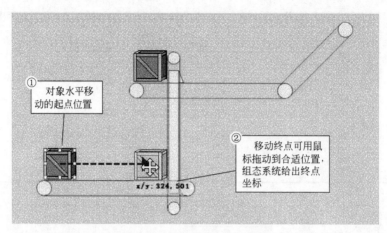

图 4-4-1　画面对象的水平移动

步骤三

　　为板条箱添加水平移动的动画　依照图 4-1-2 所示的方法，将"动画"任务卡上的"水平移动"图标文本项用鼠标拖拽到画面中的板条箱上松开鼠标，即为板条箱添加了水平移动的动画。板条箱的透明副本显示在画面工作区中，该副本与源对象通过箭头互连，将鼠标箭头移到板条箱副本上变为四箭头符号时，拖拽鼠标到终点位置，如图 4-4-1 所示。

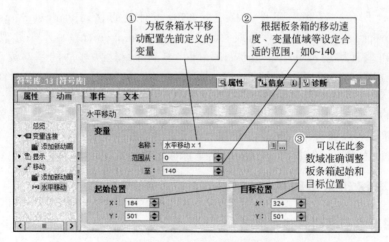

图 4-4-2　为板条箱水平移动组态控制移动量的变量及值域

　　随后，在板条箱的属性巡视窗格的"动画"选项卡上输入"水平移动 x1"的变量，如图 4-4-2 所示。

步骤四

　　模拟仿真，查看效果　执行菜单仿真命令"使用变量仿真器"，组态系统会自动保存编译画面。在弹出的仿真变量表中，为"水平移动 X1"变量设置在 0～140 周期递增变化的动作，点选开始。可以看到板条箱作水平移动。改变设置的参数，也可以看到移动速度的变化，读者自己可试一试。

注意：变量仿真器的"写周期"最小只有 1s，因此适合仿真慢速动画。

2. 画面对象垂直移动的编辑组态

画面对象的垂直移动示例如图 4-4-3 所示，方法同上。

当需要图中板条箱作向上垂直移动时，可以设置"垂直移动 y1"变量值做递减运算，或者在编辑组态画面时起始/目标位置倒置。

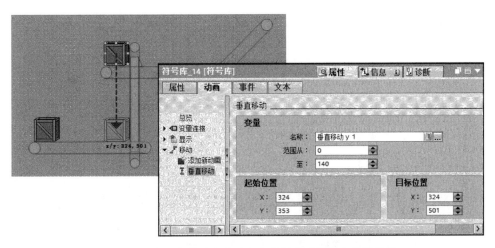

图 4-4-3　为板条箱垂直移动组态控制移动量的变量及值域

二、对角线移动示例

画面对象的对角线移动示例如图 4-4-4 所示，方法同前述。

直接移动需要两个连接变量，这两个变量的变化决定对象沿 X 轴向和 Y 轴向的移动量，这部分内容将在后续章节学习了自定义函数之后加以介绍和示例。

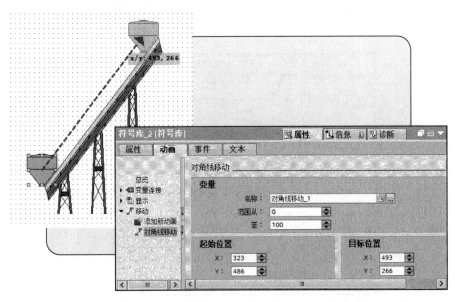

图 4-4-4　为料斗作对角线移动组态控制移动量的变量及值域

第五节 画面对象组的移动

一、什么是画面对象组

将若干画面对象通过合成操作，可以组成对象组，如图 4-5-1 所示。在画面中，可把对象组作为一个对象来处理，对象组内各对象的属性成为该对象组的属性。如图 4-5-2 所示。

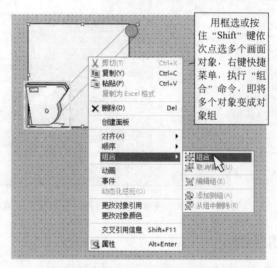

图 4-5-1　将多个画面对象合成对象组

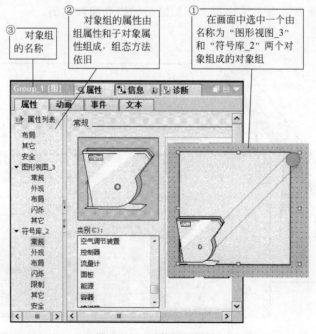

图 4-5-2　对象组的属性

二、对象组的编辑组态

当要对一个对象组进行编辑组态时，例如要删除组中的某个对象或为组添加新的画面对象，可以执行右键快捷菜单命令"编辑组"。如图 4-5-3 所示。

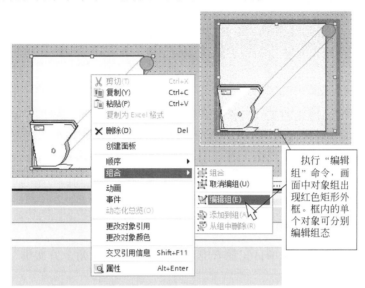

图 4-5-3　使对象组处于可编辑状态

在画面中，处于"编辑组"状态的对象组被红色矩形框环绕，可以鼠标点选内部的任一对象，进行属性编辑组态，如调整大小和位置、颜色等，也可以按住"Shift"键，点选画面中的其他对象，执行右键菜单命令"添加到组"，为对象组添加新的对象成员，属性项浏览树中会自动添加新对象的属性项。

如图 4-5-4 所示为删除对象组中的子对象。

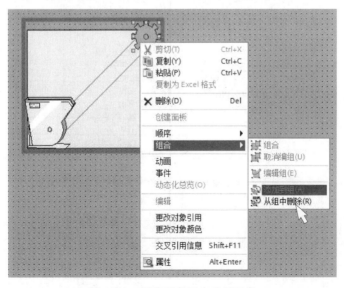

图 4-5-4　删除对象组中的子对象

注意：只有两个对象成员的组，无法执行删除子对象命令。

鼠标在红色矩形框外任意点单击，即退出"编辑组"状态，红色矩形框消失。

三、对象组动画示例及编辑组态

对象组作为对象具有某类型动画属性，而对象组中的子对象也具有某种动画属性，可以吗？答案是可以。精智屏和 PC 支持这种复合型的动画。精简屏只支持对象组的动画属性，如果子对象或子对象组也有动画组态（例如对象组是项目之间复制过来的），则将被忽略，这是要注意的。

下面用一个示例给出对象组动画编辑组态的步骤。

步骤一

制作合成对象组　用绘图工具制作一个料车示意图，用"图形视图"对象引入画面。将"符号库"中的料斗图形拖拽到画面中。鼠标调整这两个对象的大小和相互位置，用上述方法合成为对象组。希望在料车做水平移动的同时，料斗做对角线移动。

在"属性"→"属性"→"其他"→"对象"→"名称"域中输入"料斗车组"，为该对象组命名。

步骤二

变量表中预定义变量　在项目变量表中预先定义"料斗对角上升变量"和"料车水平移动变量"两个 Int 型的变量。

步骤三

在对象组动画总览树中组态动画　鼠标点选"料斗车组"对象组，随后打开属性巡视窗格中的"动画"选项卡，对象组的动画总览树如图 4-5-5 所示。

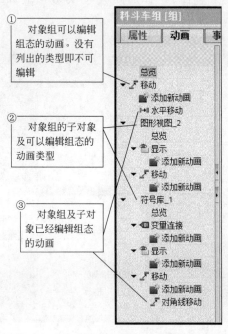

① 对象组可以编辑组态的动画。没有列出的类型即不可编辑

② 对象组的子对象及可以编辑组态的动画类型

③ 对象组及子对象已经编辑组态的动画

图 4-5-5　"料斗车组"对象组的动画总览树

双击对象组的"移动"项下的"添加新动画"命令，为对象组添加"水平移动"动画，并编辑组态参数，如图 4-5-6 所示。

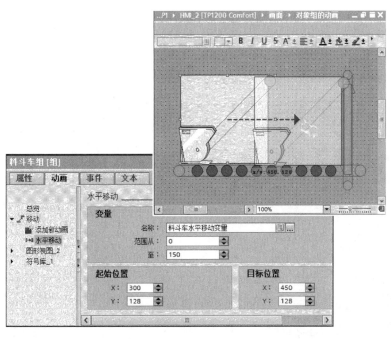

图 4-5-6 "料斗车组""水平移动"画面及参数组态

同理，为子对象"符号库_1"（即料斗）添加"对角线移动"动画，画面及参数组态如图 4-5-7 所示。

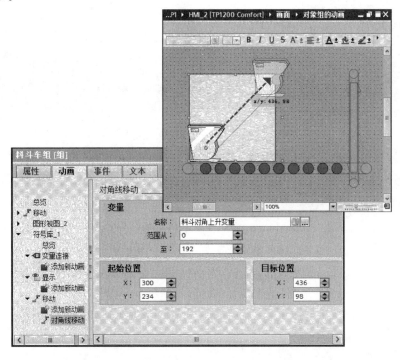

图 4-5-7 "料斗"子对象的"对角线移动"画面及参数组态

步骤四

模拟仿真，查看效果。

第五章
触摸屏和PLC集成系统中的配方及配方视图

第一节 配方简介

一、触摸屏设备中的配方

在生产制造领域，每个产品或产品系列都有自己统一、标准的生产工艺制造方法和体现制法的工艺数据。对于自动化生产设备，通常的做法是操作者将工艺数据通过 HMI 设备输入到机器的 PLC 中，或将已保存在 HMI 设备中的工艺数据调出，下载到 PLC 控制器中，PLC 程序将依据工艺数据控制机器设备生产产品。

工艺数据决定了制造产品的品质、形状和大小等属性。在整个产品制造流程中，工艺数据结构（工艺数据的组成规律和相互联系）可能是稳定固定的，也可能是动态变化的。不同的制造工艺流程，不同的产品品质属性要求等，就会有不同的制造工艺数据、有不同的工艺数据结构。

WinCC 触摸屏应用中的"配方"是指一组结构相对固定的工艺数据，是一组制造方法的量化数据。工艺配方一般由若干元素数据组成，一组工艺元素数据对应生产一个产品系列，工艺元素数据值的不同配比对应生产该系列产品中的不同产品。

一个产品的工艺配方数据称为一个配方数据记录，一个系列产品的工艺配方就有若干个配方数据记录。

二、触摸屏设备中的配方应用和管理

在 HMI、PLC 集成控制系统生产现场，因产品和制程管理的不同需要，工艺配方的应用操作和管理有如下几种情况：

① 现场操作者根据工艺配方数据清单，将配方数据输入触摸屏 HMI 设备中，或者在 HMI 设备上选择调出配方数据记录（确定某一产品），然后通过 HMI 设备的有关功能键命令，下载到 PLC 中执行工艺任务。可以在 HMI 设备上修改配方数据记录。

② 不需要 HMI 方面的操作，操作者启动设备后，PLC 根据情况通过 PLC 程序启动 PLC 与 HMI 设备之间的配方数据传送，PLC 指定从 HMI 设备调入哪一个具体的配方数据记录，并自动生产。

③ 由于生产设备系统各环节的误差积累等，一个合格的产品可能需要多次的生产过程才能得到。这时在 PLC 中就会形成一条对应合格产品的工艺配方数据记录，这条配方数据记录可能会与最开始确定的配方数据相差很大。这些经过实践操作（通过在 HMI 设备上反复修改数据记录调试生产，或者结合调整现场机器设备性能参数等）形成的配方数据记录希望上传到 HMI 设备中保存固定下来，为下次生产所用。

第二节 HMI 配方视图与 PLC 的集成应用示例

以某饮品的生产为例，详细介绍博途软件的"配方"编辑器和"配方视图"控件的使用。

一、生产工艺配方背景

这里主要是为了介绍和理解配方功能和相关概念，配方数据为虚构。

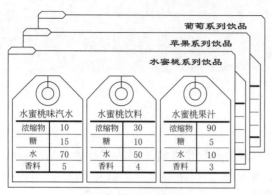

图 5-2-1　配方概念实例

如图 5-2-1 所示，假如有 3 个系列共 9 个产品，每个系列有三个产品。每个小卡片为一个产品，有一个配方数据记录。每个大卡片为一个产品系列。每个产品都有 4 个被称为配方元素的数据，每个产品的数据结构基本相同。

在触摸屏设备配方功能组态过程中，大卡片上的数据称为"配方"，指一个系列产品。小卡片上的数据项（如浓缩物、糖、水、香料）称为元素，所有产品的工艺配方数据都是由这四个元素项的数据构成的。

二、HMI 设备"配方视图"与 PLC 的集成组态

步骤一

创建一个由 HMI 和 PLC 联网构成的集成项目。如由 CPU1515-2PN PLC 控制器和 TP1200 Comfort 精智触摸屏组成。

步骤二

在 PLC 项目的"程序块"中通过"添加新块"创建一个全局数据块并命名为"配方数据块 _ 2"。

双击打开"配方数据块 _ 2"，为其添加如图 5-2-2 所示的数据块变量。

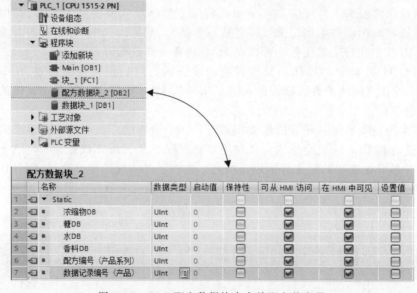

图 5-2-2　PLC 配方数据块中有关配方的变量

步骤三

在 HMI 项目的变量表中添加如图 5-2-3 所示的 HMI 外部变量，并组态其属性。

图 5-2-3 中有关"连接""访问模式"等已在前述章节中说明，在步骤一中已建立 HMI 和 PLC 的"连接"。

配方使用变量表

	名称	数据类型	连接	PLC 名称	PLC 变量		访问模式	已记录
◁▣	香料	UInt	HMI_连接_1	PLC_1	配方数据块_2.香料DB		<符号访问>	☐
◁▣	饮品系列（配方编号）	UInt	HMI_连接_1	PLC_1	配方数据块_2.配方编号（产品系列）		<符号访问>	☐
◁▣	饮品（数据记录编号）	UInt	HMI_连接_1	PLC_1	配方数据块_2.数据记录编号（产品）		<符号访问>	☐
◁▣	浓缩物HMI	UInt	HMI_连接_1	PLC_1	配方数据块_2.浓缩物DB		<符号访问>	☐
◁▣	糖	UInt	HMI_连接_1	PLC_1	配方数据块_2.糖DB		<符号访问>	☐
◁▣	水	UInt	HMI_连接_1	PLC_1	配方数据块_2.水DB		<符号访问>	☐
	<添加>							

图 5-2-3　HMI 变量表中有关配方的变量

步骤四

在 HMI 项目的"配方"编辑器中组态配方参数。

双击打开 HMI 项目树中的"配方"编辑器，在"配方"列表中"添加"配方 1、配方 2…，并组态配方的属性。一个配方有一个编号。

在配方的"元素"列表中，"添加"配方的元素项，如图 5-2-4 所示。

配方

	名称	显示名称	编号	版本	路径	类型	最大数据记录数	通信类型	工具提示
▤	配方1	水蜜桃味饮品	1 ⇕	2019/2/28 15:3...	\Flash\Recipes ▾	受限 ▾	500	变量 ▾	
▤	配方2	苹果饮品	2	2019/3/1 10:27...	\Flash\Recipes	受限	500	变量	
▤	配方3	葡萄味饮品	3	2019/3/3 8:42:53	\Flash\Recipes	受限	500	变量	

元素 | 数据记录

	名称	显示名称	变量	数据类型	数据长度	默认值	最小值	最大值	小数位数	工具提示
▤	浓缩物L	浓缩物	浓缩物HMI	UInt	2	0	0	65535	0	
▤	糖Kg	糖	糖	UInt	2	0	0	65535	0	
▤	水L	水	水	UInt	2	0	0	65535	0	
▤	香料g	香料	香料	UInt	2	0	0	65535	0	
	<添加>									

图 5-2-4　组态配方及元素项

元素项决定了配方的相对固定的数据结构，每个配方都是这样的数据结构。每个元素项对应连接一个在步骤三 HMI 变量表（图 5-2-3）中创建的外部变量。

然后，单击打开配方的"数据记录"选项卡，如图 5-2-5 所示。

配方

	名称	显示名称	编号	版本	路径	类型	最大数据记录数	通信类型	工具提示
▤	配方1	水蜜桃味饮品	1 ⇕	2019/2/28 15:3...	\Flash\Recipes ▾	受限 ▾	500	变量 ▾	
▤	配方2	苹果饮品	2	2019/3/1 10:27...	\Flash\Recipes	受限	500	变量	
▤	配方3	葡萄味饮品	3	2019/3/3 8:42:53	\Flash\Recipes	受限	500	变量	

元素 | **数据记录**

	名称	显示名称	编号	浓缩物L	糖Kg	水L	香料g	注释
▤	饮料	水蜜桃饮料	1 ⇕	51	41	31	601	
▤	汽水	水蜜桃味汽水	2	21	11	51	301	
▤	果汁	水蜜桃果汁	3	91	1	1	101	
	<添加>							

图 5-2-5　组态配方及"数据记录"

每个配方对应"添加"3个数据记录,也就是每个系列产品的三个产品的工艺配方数据。一条配方数据记录有一个数据记录编号,并输入产品配方工艺参数。

步骤五

在 HMI 项目的"画面"文件夹中"添加新画面",并配置"配方视图"。

如图 5-2-6 所示。将"控件"展板中的"配方视图"拖拽到画面上,组态其属性。

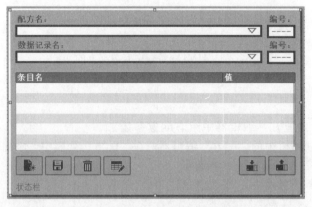

图 5-2-6　画面中的"配方视图"

在该配方视图的属性窗格组态其"常规""标签""工具栏"等属性,如图 5-2-7~图 5-2-9 所示。其中"配方变量"和配方数据记录的"变量"选取组态前面在 HMI 变量表中创建的变量,这样就将配方的外部变量、配方编辑器中各列表的组态和配方视图联系在一起了。

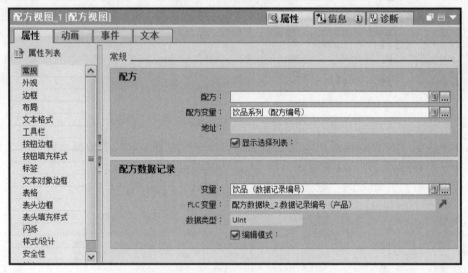

图 5-2-7　配方视图的"常规"属性

图 5-2-7 中下方,勾选"编辑模式",表示在运行系统中,配方视图上的数据记录可以被编辑修改重新设定。否则不可编辑修订。

图 5-2-8 中,配方视图上的字符标签说明具体的产品及系列,勾选"显示标签",可以修改输入具体的系列或产品名称。如配方名称为"饮品系列"等。

图 5-2-9 表示为配方视图选择组态功能操作按钮,表 5-2-1 给出了可以组态的功能按钮的说明。具体使用详见步骤六中的介绍。

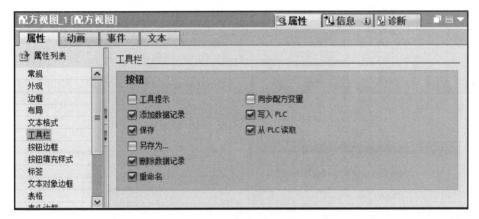

图 5-2-8　配方视图的"标签"属性

图 5-2-9　配方视图的"工具栏"属性

表 5-2-1　配方视图工具使用说明

工具栏按钮	说　　明
?	工具提示按钮,调用当前所选配方组态的工具提示信息
	添加数据记录按钮,在配方视图中创建新的配方数据记录
	保存按钮,以当前名称保存已修改的记录
	另存为按钮,以新名称保存已修改的记录
	删除数据记录按钮,删除选定的数据记录
	重命名按钮,更改所选数据记录的名称
	同步配方变量按钮,比较所选数据记录的值和 PLC 的值
	下载 PLC 按钮,将当前配方元素值发送给 PLC
	从 PLC 上传按钮,从 PLC 读取当前配方元素值

步骤六

　　配方功能仿真。为适应初学者,再介绍一下 HMI、PLC 集成控制系统的仿真步骤。

　　① 在集成项目的项目树窗格,鼠标点击选中要仿真的 PLC 项目,使之呈深色选中状态。然后,鼠标单击执行"开始仿真"图标工具命令。如图 5-2-10 所示。

② 启动模拟仿真程序，建立模拟仿真 PLC，并下载所编的 PLC 程序，如图 5-2-11 所示。

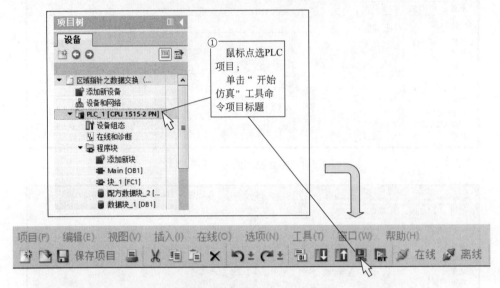

图 5-2-10　开始仿真 PLC 项目

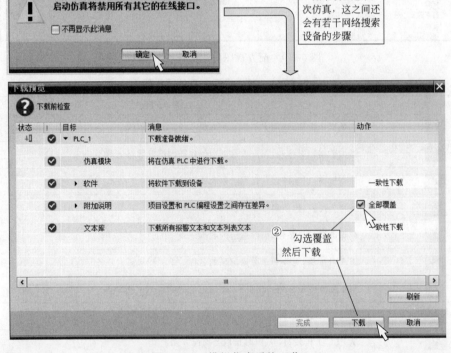

图 5-2-11　模拟仿真系统工作

③ 启动模拟仿真 PLC，遇到问题可查看信息选项卡中的提示信息，如图 5-2-12 所示。

④ 仿真 PLC 建立完成后，弹出仿真 PLC 窗格，可以像真实 PLC 一样操作 PLC 的启动和停止等，单击其中的展开键，可以通过 SIM 表和步骤序列，仿真 PLC 程序动作。

⑤ 回到"项目视图"窗格，单击工具栏上的"在线"图标工具，可以看到项目树中的 PLC 各编辑组件是否正常的标志、是否与所编程序一致、是否需要更新下载等，正常情况

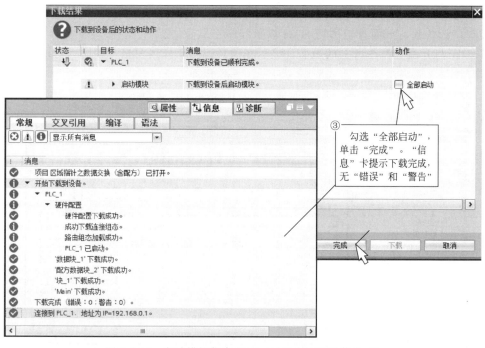

图 5-2-12 启动模拟仿真 PLC（过程中可查看信息卡）

皆显示绿色标志。

打开在线状态下的前面组态编辑的"配方数据块_2"，单击其中的"全部监视"命令键，可查看数据块中各变量的数据值，在无配方数据下载前，这些变量皆为0。如图5-2-13所示。

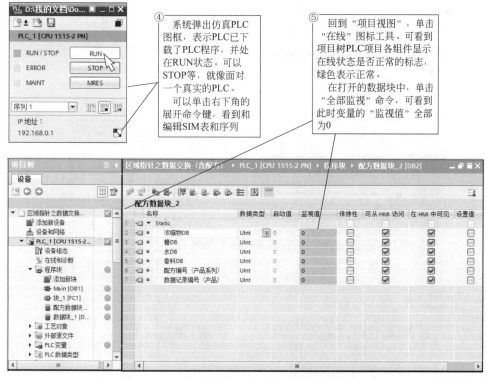

图 5-2-13 仿真 PLC 操作窗格和仿真 PLC 在线监视

以上是对 PLC 设备的模拟仿真操作。对于 PLC、HMI 集成控制系统,还要加入 HMI 设备及程序的仿真,下面开始仿真 HMI 设备程序。

⑥ 双击打开配方视图所在的画面,显示在项目视图工作区窗格,如图 5-2-14 所示。

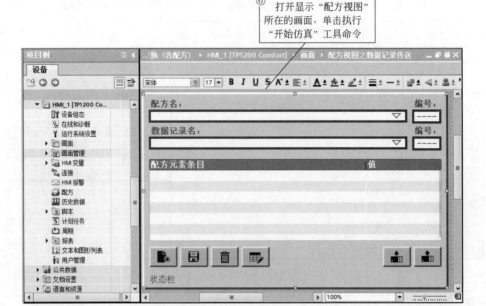

图 5-2-14 仿真 HMI 设备的"配方视图"画面

⑦ 单击执行工具栏中的"开始仿真"图标命令,软件系统编译 HMI 设备程序,弹出"启动模拟"对话框,随后显示配方视图模拟仿真画面(图 5-2-15)。

可以在仿真触摸屏上,通过下拉列表操作,选择配方系列和产品数据记录,并查看具体

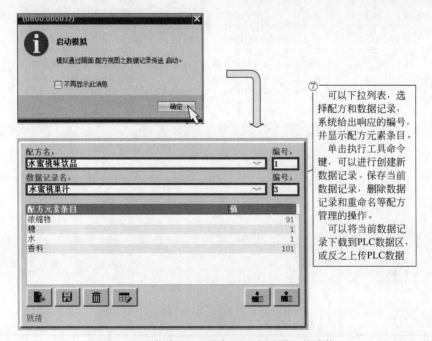

图 5-2-15 仿真 HMI 设备"配方视图"的功能

产品的配方数据，可以通过配方视图工具栏中的工具命令，模拟仿真关于配方的各种操作。可以修改再编辑数据记录，可以下载选定的产品数据等。

⑧ 在仿真触摸屏的配方视图上单击下载命令键，然后观察 PLC 数据块中的变量监视值，可以看到数据记录正确传送过来了，如图 5-2-16 所示。

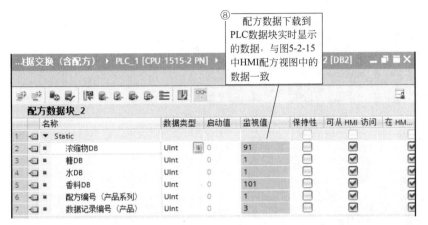

图 5-2-16　观察 PLC 设备与 HMI 设备数据通信的结果

⑨ 通过集成系统的模拟仿真，可以验证所编辑组态的配方功能，如图 5-2-17 所示。

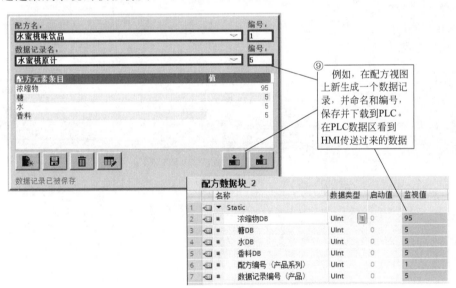

图 5-2-17　观察 PLC 设备与 HMI 设备数据通信验证配方功能

第六章
触摸屏和PLC集成应用区域
指针交换数据

第一节　区域指针介绍

　　在前面章节的集成系统示例中，都是采用 HMI 外部变量（HMI 变量表中设置）与 PLC 变量（PLC 变量表中设置）通信实现 HMI 与 PLC 的数据交换。在第三章，还介绍了利用 HMI 变量的地址指针和地址指针化等属性方法寻址 PLC 变量，实现 HMI 和 PLC 的数据交换等。

　　在博途软件系统的"连接"编辑器中，系统提供了被称为"区域指针"的方法实现 HMI 设备与 PLC 的数据交换和信息交互，触发执行预定义的控制任务。

　　在 HMI 项目的项目树中，双击打开"连接"编辑器组件，如图 6-1-1 所示。

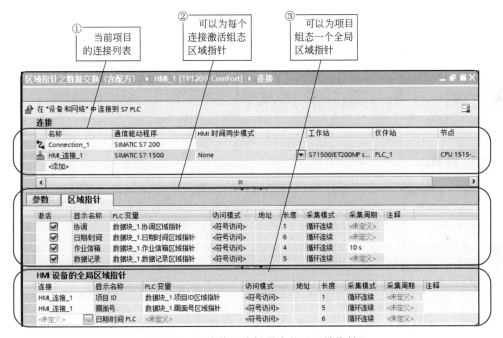

图 6-1-1　"连接"编辑器中的"区域指针"

　　① 连接列表给出了当前项目中设置的所有"连接"，图中示例给出了在"设备和网络"编辑器中组态的集成连接和在当前表中"添加"的非集成连接。集成连接主要用于博途组态软件系统设备部件库中的设备部件的连接；非集成连接多用于具有伙伴通信协议的第三方设备部件的连接。

　　②"区域指针"选项卡给出了几个可供编辑组态的 PLC 数据区域指针。选定某个连接，可以为之激活组态"区域指针"，寻址 PLC 的数据区域。指针指向的 PLC 数据区域，HMI 设备和 PLC 都可以访问——或读（R）或写（W），从而实现信息交互、数据交换。

　　每个"连接"可分别激活组态"区域指针"，支持绝对访问或者符号访问区域指针数据区，每个区域指针数据区的长度不同，都以字（16 位）为数据区长度单位。如"日期时间"区域指针数据区为 6 字，即在 PLC 数据块中以数组数据类型或"DT"数据类型开辟一个 6 字长的数据区作为"日期时间"的区域指针指向的数据区。

　　③ 每个项目只可在一个连接中组态全局区域指针。

　　为"连接"激活组态了"区域指针"后，在运行系统中，连接的通信伙伴（HMI 与

PLC）即可利用指针变量寻址方式及指向的数据区进行信息交互和数据交换，不同的区域指针信息交互的内容和方式有所不同，例如"协调"区域指针，主要作用是 PLC 设备侧查看 HMI 设备侧的工作状态，HMI 设备只可对区域指针数据区进行写操作，PLC 仅可读数据区。各区域指针的作用及对所设定的数据区的访问形式见表 6-1-1。

表 6-1-1   区域指针的作用及 HMI、PLC 对数据区的读写访问

数据区	含　义	HMI 设备	PLC
协调	在 PLC 程序中查看 HMI 设备的状态	W	R
画面号	由 PLC 程序进行评估以确定活动画面	R/W	R/W
项目 ID	运行系统检查 WinCC 项目 ID 与 PLC 中的项目是否一致	R	W
作业信箱	通过 PLC 程序触发 HMI 设备功能	R/W	R/W
日期时间	将日期和时间由 HMI 设备传送至 PLC	W	R
日期时间 PLC	将日期和时间由 PLC 传送至 HMI 设备	R	W
数据记录	同步传送数据记录	R/W	R/W

第二节　"协调"区域指针

一、概述

"协调"区域指针的作用是：在 PLC 数据块中设置一个变量，将该变量定义为"协调"区域指针的数据区（实际也就是一个字），HMI 设备与 PLC 连接通信，并将 HMI 的状态写在该数据区中，供 PLC 程序读取查询 HMI 的工作状态并做出响应。

"协调"区域指针指向的数据区为一个字，字的格式如图 6-2-1 所示。

只使用了该字的后 3 位，其余位保留。图中第 0 位为启动位，在 HMI 设备上电启动过程中，HMI 设备将启动位暂时置位为"0"。启动结束后，会将该位永久置位为"1"。

第 1 位表明 HMI 设备的操作模式。当将 HMI 设备切换到离线时，工作模式位即会置位为"1"。在 HMI 设备正常运行过程中，工作模式位的状态始终为"0"。通过在 PLC 控制程序中读取此位可以确定 HMI 设备的当前工作模式。

第 2 位表示 HMI 的状态。HMI 设备每隔大约 1s 取反状态位一次。通过在 PLC 控制程序中查询此位，可以检测与 HMI 设备的连接通信是否仍然有效。

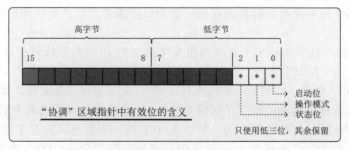

图 6-2-1   "协调"区域指针数据区的格式

二、组态和仿真

步骤一

创建 HMI 和 PLC 集成项目。

步骤二

在 PLC 项目的"程序块"中通过"添加新块"创建一个全局数据块并打开该数据块。

添加一个名称为"协调区域指针"的 Word 类型的变量，协调区域指针的数据区长度只有一个字，如图 6-2-2 所示。

	名称	数据类型	启动值	保持性	可从 HMI ...	在 HMI ...
	数据块_1					
1	▼ Static			☐	☐	☐
2	▶ 画面号区域指针	Array[0..4] of Int		☐	☑	☑
3	▶ 作业信箱区域指针	Array[0..3] of Word		☐	☑	☑
4	协调区域指针	Word	16#0	☐	☑	☑
5	项目ID区域指针	Word	200	☐	☑	☑
6	▶ 数据记录区域指针	Array[0..4] of UInt		☐	☑	☑
7	▶ 日期时间区域指针	Array[0..5] of Word		☐	☑	☑

图 6-2-2 添加生成"协调区域指针"的数据区

步骤三

在 HMI 项目的"连接"编辑器中激活组态"协调"区域指针。

打开"连接"编辑器工作窗格，如图 6-2-3 所示。

① 在"连接"列表中选中要组态区域指针的连接项。

② 勾选激活"协调"区域指针。

③ 在"PLC 变量"选项框中，找到之前创建的含有协调区域指针数据区的全局数据块。

④ 找到"协调区域指针"Word 型变量（也可以是 Int 型）。

⑤ 单击"确定"。

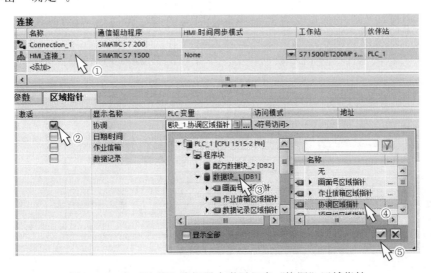

图 6-2-3 在"连接"编辑器中激活组态"协调"区域指针

PLC 仿真演示。如图 6-2-4 所示。

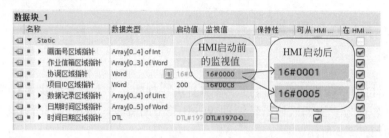

图 6-2-4 启动仿真监视 PLC 的数据区

首先启动仿真 PLC，操作步骤同第五章第二节的"步骤六"一样，不再赘述。

打开 PLC 的全局数据块，使之处于仿真在线监视状态，如图 6-2-4 所示。

在没有启动仿真 HMI 设备之前，协调区域指针的数据区为 0，这符合图 6-2-1 所示指针数据区的位含义。

开始仿真 HMI 设备。启动 HMI 设备仿真，再观察 PLC 数据区的在线监视值，如图 6-2-4 所示。数据区数值在 16♯0001 与 16♯0005 两个十六进制数值之间来回变化，说明 HMI 启动后通信工作正常。

第三节　"画面号"区域指针

一、概述

在集成系统中，当组态使用"画面号"区域指针后，HMI 设备会将当前 HMI 设备正在显示的画面的编号及处于焦点状态的某些画面对象的编号传送到"画面号"区域指针数据区，PLC 程序读写该数据区，做出响应。

"画面号"区域指针指向 PLC 数据块中 5 个字长的数据区，其数据区安排格式如图 6-3-1 所示。

"画面号"区域指针数据区各字含义															
字址编号	15	14	13	12	11	10	9	8	7	6	5	4	3	2	1	0
N	当前画面类型（1：根画面，4：永久窗口）															
$N+1$	当前画面编号（取值 1～32767）															
$N+2$	预留															
$N+3$	当前字段编号（取值 1～32767）															
$N+4$	预留															

图 6-3-1 "画面号"区域指针数据区格式

二、组态和仿真

步骤一

创建 HMI 和 PLC 集成项目。

步骤二

在 PLC 项目的"程序块"中通过"添加新块"创建一个全局数据块并打开该数据块。

在数据块中添加一个名称为"画面号区域指针"的数组类型的变量，如图 6-3-2 所示。
数据类型组态为 Array［0..4］of Int（也可以为 UInt 或 Word）。

数据块_1						
	名称	数据类型	启动值	保持性	可从 HMI ...	在 HMI ...
	▼ Static			□		
	▼ 画面号区域指针	Array[0..4] of Int		□	☑	☑
	画面号区域指针[0]	Int	0	□	☑	☑
	画面号区域指针[1]	Int	10	□	☑	☑
	画面号区域指针[2]	Int	20	□	☑	☑
	画面号区域指针[3]	Int	30	□	☑	☑
	画面号区域指针[4]	Int	40	□	☑	☑

图 6-3-2 在 PLC 数据块中添加生成"画面号区域指针"的数据区

步骤三

在 HMI 项目的"连接"编辑器中"HMI 设备的全局区域指针"选项卡上组态"画面号"区域指针。

"连接"编辑器工作窗格的"HMI 设备的全局区域指针"选项卡，如图 6-3-3 所示。

①在"连接"列中选中要组态区域指针的连接项。

④选中步骤二新建的"画面号区域指针"的数组类型的变量。

其他步骤见图示意。

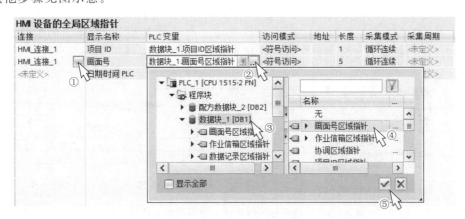

图 6-3-3 在"连接"编辑器中组态"画面号"区域指针

步骤四

新添加几个画面及若干画面对象，以方便演示画面变更时，画面号数据区数据跟着变化。如图 6-3-4 所示。

为方便观察 PLC 数据区的变化情况，在 HMI 变量表上新建 5 个外部变量，连接 PLC 数据块的"画面号指针"数据区，在画面上组态 5 个 I/O 域，其过程变量为新建的 5 个外部变量，使数据区数值能及时反映在画面上。

在每个画面的属性窗格，记住对应每个画面的编号。

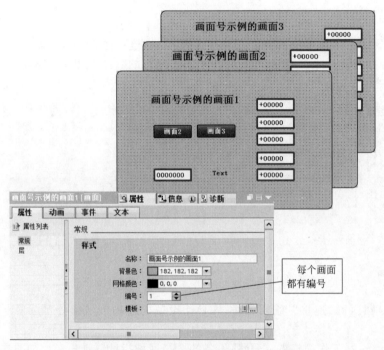

图 6-3-4　在 HMI 项目中新添加三个画面

步骤五

仿真集成系统的画面号区域指针功能。首先启动 PLC 的仿真，然后开始仿真 HMI。

在仿真 HMI 画面上，如单击显示"画面号示例的画面 3"（该画面的编号为 4），则 PLC 数据块的"画面号区域指针"数据区仿真在线如图 6-3-5 所示。

	名称	数据类型	启动值	监视值	保持性	可从 HMI ...	在 HMI ...
◀ ▼	Static				☐	☐	☐
◀ ▪ ▼	画面号区域指针	Array[0..4] of Int			☐	☑	☑
◀	▪ 画面号区域指针 [0]	Int	0	1	☐	☑	☑
◀	▪ 画面号区域指针 [1]	Int	10	4	☐	☑	☑
◀	▪ 画面号区域指针 [2]	Int	20	0	☐	☑	☑
◀	▪ 画面号区域指针 [3]	Int	30	0	☐	☑	☑
◀	▪ 画面号区域指针 [4]	Int	40	0	☐	☑	☑

图 6-3-5　"画面号区域指针"数据区仿真在线监视值

同时，在 HMI 设备画面上显示如图 6-3-6 所示的画面。

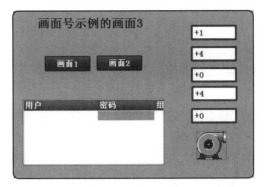

图 6-3-6　HMI 设备"画面号"区域指针画面的仿真

第四节　"项目 ID"区域指针

一、概述

在集成项目中，使用"项目 ID"区域指针，在运行系统启动后，检查 HMI 设备是否连接到正确的 PLC。使用多台 HMI 设备时，这项检查非常重要。

HMI 设备会将 PLC 中存储的值与 HMI 设备组态中的指定值进行比较。这样可确保 HMI 组态数据和 PLC 程序的兼容性。如果存在不一致，则在 HMI 设备上会显示一个系统事件，并会停止 HMI 设备项目的运行。

二、组态和仿真

步骤一

创建 HMI 和 PLC 集成项目。

步骤二

在 PLC 项目的"程序块"中通过"添加新块"创建一个全局数据块并打开该数据块。

在数据块中添加一个名称为"项目 ID 区域指针"的 Word/Int/UInt 类型的变量，如图 6-4-1 所示。并在"启动值"列预置一个 0～255 之间的数值作为识别 ID，例如图中的 200。

		名称	数据类型	启动值	保持性	可从 HMI ...	在 HMI ...
	数据块_1						
1	◀□ ▼	Static			☐	☐	
2	◀□ ■ ▶	画面号区域指针	Array[0..4] of Int		☐	☑	☑
3	◀□ ■ ▶	作业信箱区域指针	Array[0..3] of Word		☐	☑	☑
4	◀□ ■	协调区域指针	Word	16#0	☐	☑	☑
5	◀□ ■	项目ID区域指针	Word	200	☐	☑	☑
6	◀□ ■ ▶	数据记录区域指针	Array[0..4] of UInt		☐	☑	☑
7	◀□ ■ ▶	日期时间区域指针	Array[0..5] of Word		☐	☑	☑

图 6-4-1　在 PLC 数据块中添加生成"项目 ID 区域指针"的数据区

步骤三

在 HMI 项目的"运行系统设置"编辑器中"常规"选项中组态 HMI 侧的项目 ID 标识。

如图 6-4-2 所示,组态设置"项目 ID"为 200,同前面 PLC 设备中的项目 ID 标识一致。如果不一致,则 PLC 无法与 HMI 连接。

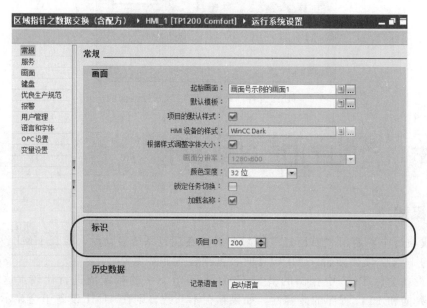

图 6-4-2　在 HMI 设备的"运行系统设置"编辑器中设置项目 ID

步骤四

在 HMI 项目的"连接"编辑器中"HMI 设备的全局区域指针"组态区设置"项目 ID"全局区域指针。如图 6-4-3 所示。

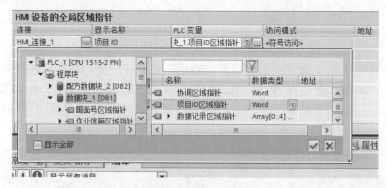

图 6-4-3　在 HMI 设备的"连接"编辑器中组态"项目 ID"全局区域指针

步骤五

仿真集成系统的项目 ID 区域指针功能。

首先启动 PLC 的仿真,然后开始仿真 HMI。

如果 HMI 与 PLC 的项目 ID 一致,则仿真可正常进行;如不一致,则 HMI 与 PLC 连接不上。

第五节 "作业信箱"区域指针

一、概述

PLC 可使用作业信箱将作业传送到 HMI 设备以在 HMI 设备上触发相应的操作。具体的作业由作业号决定，例如编号为 51 的作业，可以由 PLC 发出指令，选择显示 HMI 的画面。"作业信箱"区域指针数据区的格式如图 6-5-1 所示。其中第一个字的低字节放置作业编号，其他三个字可作为参数设置区，为具体的作业号所使用。必须首先在作业信箱中输入参数，然后再输入作业号，HMI 设备根据作业号内容，执行作业任务。

注意工作时序，当 HMI 设备接收某作业信箱时，第一个字将被重新设置为 0，但作业信箱的执行通常不会在此时完成。因此，若执行多个作业，则要保证一定的时间间隔。

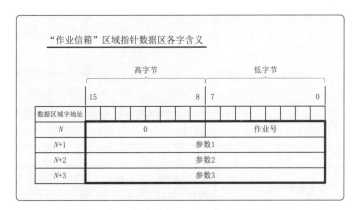

图 6-5-1 "作业信箱"区域指针数据区格式

作业编号及作业的具体内容说明见表 6-5-1 所示。

表 6-5-1 "作业信箱"的作业编号说明

编号	功能	说明
14	设置时间（以 BCD 码编码）	—
	参数 1	左(高)字节:一,右(低)字节:小时(0~23)
	参数 2	左字节:分(0~59),右字节:秒(0~59)
	参数 3	—
15	设置日期（以 BCD 码编码）	—
	参数 1	左字节:一,右字节:星期(1~7;星期天~星期六)
	参数 2	左字节:日(1~31),右字节:月份(1~12)
	参数 3	左字节:年份
23	用户登录	只有项目中存在传送的组号时,才能登录
	参数 1	组号 1~255,以用户名"PLC user"登录
	参数 2	—
	参数 3	—

编号	功能	说明
24	用户注销	注销当前用户(此功能对应系统函数"logoff")
	参数 1	—
	参数 2	—
	参数 3	—
40	将日期/时间传送到 PLC	采用 S7 表示日期时间的格式 DATE_AND_TIME 两个连续作业之间至少应间隔 5s,以防止 HMI 设备过载
	参数 1、参数 2、参数 3	—
41	将日期/时间传送到 PLC	采用 OP/MP 格式 两个连续作业之间至少应间隔 5s,以防止 HMI 设备过载
	参数 1、参数 2、参数 3	—
46	更新变量	使 HMI 设备从 PLC 中读取其更新 ID 与参数 1 中所传送的值相匹配的变量的当前值 功能对应系统函数"UpdateTag"
	参数 1	1~100
49	删除报警缓冲区	从报警缓冲区中删除"Warnings"类别的所有模拟量报警和离散量报警
	参数 1、参数 2、参数 3	—
50	删除报警缓冲区	从报警缓冲区中删除"Errors"类别的所有模拟量报警和离散量报警
	参数 1、参数 2、参数 3	—
51	画面选择	—
	参数 1	画面编号
	参数 2	—
	参数 3	字段编号
69	从 PLC 中读取数据记录	—
	参数 1	配方编号(1~999)
	参数 2	数据记录编号(1~65535)
	参数 3	0:不覆盖现有数据记录,1:覆盖现有数据记录
70	将数据记录写入 PLC	—
	参数 1	配方编号(1~999)
	参数 2	数据记录编号(1~65535)
	参数 3	—

本节以组态仿真执行编号为 51 的作业过程为例，介绍"作业信箱"区域指针的使用，并将在第六节、第七节"日期时间"区域指针和"数据记录"区域指针的学习过程中继续学习作业信箱的用法。

见表 6-5-1，编号为 51 的作业主要是 PLC 调用显示 HMI 的画面，现在通过实例仿真来看看 PLC 如何通过作业信箱让 HMI 显示所需的画面。

二、组态和仿真

步骤一

创建 HMI 和 PLC 集成项目。

步骤二

在 PLC 项目的"程序块"中通过"添加新块"创建一个全局数据块并打开该数据块。

如图 6-5-2 所示，在数据块中添加一个有四个元素的数组变量，作为"作业信箱"区域指针的数据区。

数据块_1						
	名称	数据类型	启动值	保持性	可从 HMI ...	在 HMI ...
▼	Static			☐	☐	☐
■ ▶	画面号区域指针	Array[0..4] of UInt		☐	☑	☑
■ ▼	作业信箱区域指针	Array[0..3] of UInt		☐	☑	☑
■	作业信箱区域指针[0]	UInt	0	☐	☑	☑
■	作业信箱区域指针[1]	UInt	0	☐	☑	☑
■	作业信箱区域指针[2]	UInt	0	☐	☑	☑
■	作业信箱区域指针[3]	UInt	0	☐	☑	☑

图 6-5-2 "作业信箱"区域指针数据区的编辑组态

步骤三

在 PLC 项目的"程序块"中通过"添加新块"创建一个 FC 功能函数，系统为其命名为"块 _ 1［FC1］"。打开该 FC 块。

如图 6-5-3 所示，在 FC1 块的块接口表中，在输入参数（Input）项下声明四个 UInt 型变量。接着，编制如图 6-5-4 所示的程序段。

块_1				
	名称	数据类型	默认值	
1	▼ Input			
2	■ 作业号	UInt		
3	■ 作业参数1	UInt		
4	■ 作业参数2	UInt		
5	■ 作业参数3	UInt		
6	▼ Output			
7	■ <新增>			
8	▼ InOut			
9	■ <新增>			
10	▼ Temp			

图 6-5-3 "块 _ 1［FC1］"块接口输入参数的声明

即 PLC 将作业任务数据通过调用 FC1 块输入"作业信箱"区域指针数据区。

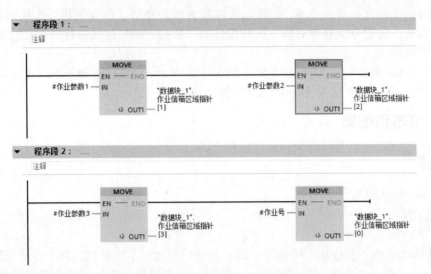

图 6-5-4 "块_1 [FC1]"的程序段

步骤四

在 PLC 项目的"程序块"OB1 中调用 FC1 块。

声明四个 M 区过程变量，存放程序生成的作业信箱的数据。等待传送到数据区。

打开 OB1 组织块（或在其他程序块中），编制调用 FC1，如图 6-5-5 所示。

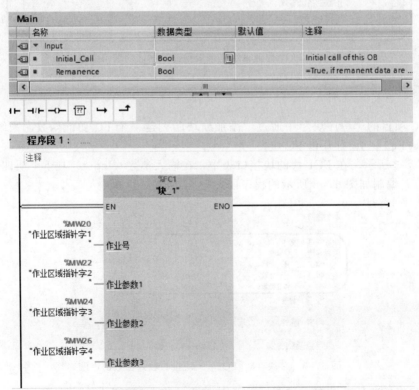

图 6-5-5 调用"块_1 [FC1]"的程序段

步骤五

在 HMI 项目的"连接"编辑器中的"区域指针"列表区激活并组态设置"作业信箱"区域指针。在"画面"文件夹中有若干组态好的画面。

如图 6-5-6 所示步骤，激活组态"作业信箱"，并指定步骤二中创建的 PLC 数组变量为"作业信箱"数据区。

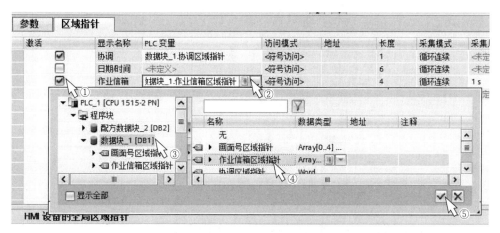

图 6-5-6 在"连接"编辑器中激活组态"作业信箱"

步骤六

仿真集成系统的"作业信箱"功能。

首先启动 PLC 的仿真。PLC 仿真启动后，打开数据块，可看到当前"作业信箱"数据区的在线监控值皆为 0，因为还没有向该数据区传送数据。

然后启动 HMI 设备画面的仿真。仿真触摸屏设备显示根画面（起始画面），画面编号为 1。

单击打开仿真 PLC 的 SIM 表。如图 6-5-7 所示。

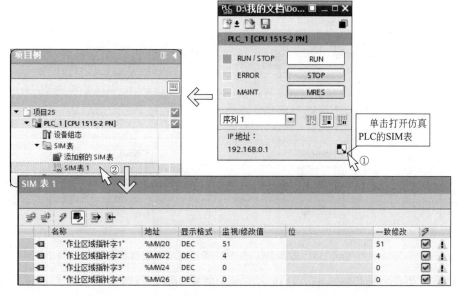

图 6-5-7 在仿真 PLC 上单击展开按钮，打开 SIM 表

在名称列添加图示的变量，并为之赋值，这表示向作业信箱发送编号为 51 的作业任务，要求 HMI 显示编号为 4 的画面。单击 SIM 表上图标命令"修改所有选定值"，向"作业信箱"传送作业参数和作业号。

如图 6-5-8 所示，打开显示 OB1 程序段，点击工具栏上的"启用/禁用监视"按钮。

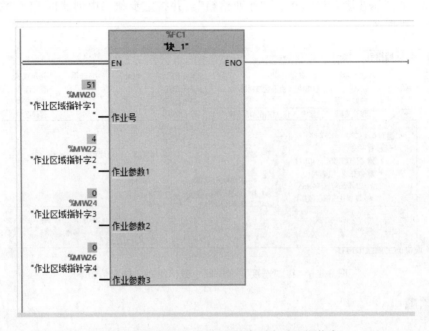

图 6-5-8   仿真 PLC 的 OB1 的启用实时监视状态

如图 6-5-9 所示打开显示 FC1 程序段，点击工具栏上的"启用/禁用监视"按钮。可以看到向"作业信箱"数据区传送数据的情况。

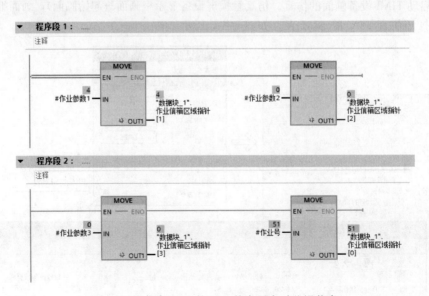

图 6-5-9   仿真 PLC 的 FC1 的启用实时监视状态

现在再看仿真的触摸屏画面，已由之前显示的根画面，跳转显示编号为 4 的画面。

第六节 "日期时间"区域指针

一、概述

在集成项目中，编辑组态了"日期时间"区域指针和"作业信箱"区域指针，在运行系统启动后，根据作业信箱的作业号可由 HMI 设备向 PLC 设备传送日期时间信息。即 HMI 设备将自己时钟的日期时间通过作业信箱的形式传送到 PLC 数据区，供 PLC 读取。

PLC 为时间主站时，向 HMI 设备传送日期时间信息，则使用"日期时间 PLC"区域指针。"日期时间 PLC"区域指针为全局区域指针。

HMI 向 PLC 传送日期时间数据到 PLC "日期时间"区域指针数据区，其日期时间数据格式会因作业编号（见表6-5-1的说明）的不同而不同，这点要清楚。这样 PLC 程序才能正确读取 HMI 的日期时间信息。当作业编号为 41（16♯29）时，"日期时间"区域指针数据区的格式如图 6-6-1 所示。当作业编号为 40（16♯28）时，"日期时间"区域指针数据区的格式如图 6-6-2 所示。

HMI 设备将其当前日期和时间以 BCD 编码格式写入"日期时间"区域指针中组态的数据区内。反之，使用"日期时间 PLC"区域指针时也是以 BCD 编码读写数据区。

如果已经组态"日期时间"区域指针，则无法使用"日期时间 PLC"区域指针。

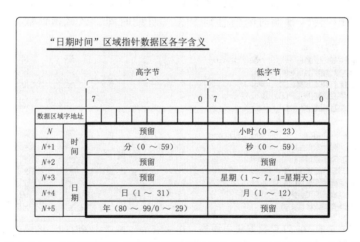

图 6-6-1 "日期时间"区域指针数据区作业号为 41（16♯29）的含义

注意：在"年"（year）数据区中输入数据时，数值 80～99 对应 1980～1999 年，而数值 0～29 对应 2000～2029 年。

二、组态和仿真

创建 HMI 和 PLC 集成项目。

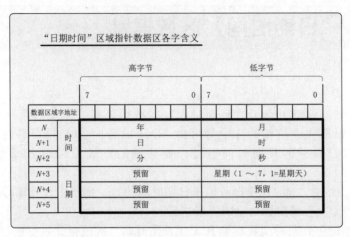

图 6-6-2　"日期时间"区域指针数据区作业号为 40（16♯28）的含义

步骤二

在 PLC 项目的"程序块"中通过"添加新块"创建一个全局数据块并打开该数据块。创建两个区域指针的数据区。

由于 HMI 设备是根据"作业信箱"的作业号向 PLC 数据区传送数据信息，所以在 PLC 数据块中要创建有"作业信箱"和"日期时间"区域指针数据区。如图 6-6-3 所示。作业过程是：PLC 先向"作业信箱"传送作业编号，在 PLC 与 HMI 通信过程中，HMI 根据作业号的指令向 PLC 传送日期时间信息到 PLC"日期时间"区域指针数据区。

作业信箱区域指针	Array[0..3] of UInt		☐	☑	☑	☑
作业信箱区域指针[0]	UInt	0	☐	☑	☑	☑
作业信箱区域指针[1]	UInt	0	☐	☑	☑	☑
作业信箱区域指针[2]	UInt	0	☐	☑	☑	☑
作业信箱区域指针[3]	UInt	0	☐	☑	☑	☑

日期时间区域指针	Array[0..5] of Word		☐	☑	☑	☐
日期时间区域指针[0]	Word	16#0	☐	☑	☑	☐
日期时间区域指针[1]	Word	16#0	☐	☑	☑	☐
日期时间区域指针[2]	Word	16#0	☐	☑	☑	☐
日期时间区域指针[3]	Word	16#0	☐	☑	☑	☐
日期时间区域指针[4]	Word	16#0	☐	☑	☑	☐
日期时间区域指针[5]	Word	16#0	☐	☑	☑	☐

图 6-6-3　在 PLC 数据块中添加"作业信箱"和"日期时间"区域指针

步骤三

同样创建 FC 块及调用 FC 块，同第五节的步骤三和步骤四一样。用于传送作业编号到作业信箱。

步骤四

在 HMI 设备项目的"连接"编辑器中激活组态"作业信箱"和"日期时间"区域指针，如图 6-6-4 所示。

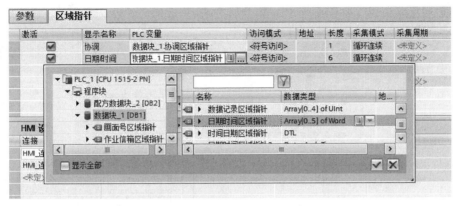

图 6-6-4 在"连接"编辑器中激活组态"作业信箱"和"日期时间"区域指针

步骤五

在 HMI 项目的"画面"编辑器中添加组态仿真画面,如图 6-6-5 所示。

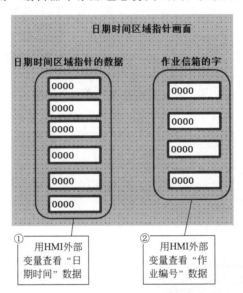

图 6-6-5 在"画面"编辑器中添加组态"日期时间"区域指针的仿真画面

先在 HMI 变量表中,创建 HMI 外部变量,连接到步骤二创建的 PLC 数据区变量,然后以 I/O 域的形式显示在画面上,方便观察实时仿真运行时,作业编号和日期时间数据的对比关系。

步骤六

仿真集成系统的"作业信箱"和"日期时间"区域指针的功能。

PLC 和 HMI 的仿真操作过程前面章节已作细述。现在看一下仿真结果。如图 6-6-6 所示。

在仿真 PLC 的 SIM 表中输入作业编号 41(画面上作业信箱的字 I/O 域是十六进制显示模式,16♯29=41,16♯28=40),通过程序块及指令传送到作业信箱数据区,可以看到,HMI 实时画面中各个日期时间 I/O 域的显示值与图 6-6-1 所示是一致的。

同理，向作业信箱传送作业号 40，仿真效果如图 6-6-7 所示，不再赘述。

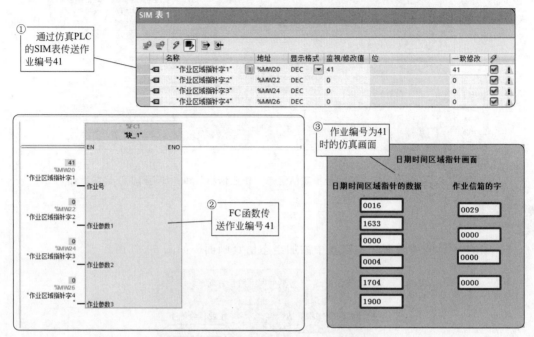

图 6-6-6　作业号为 41 的运行结果

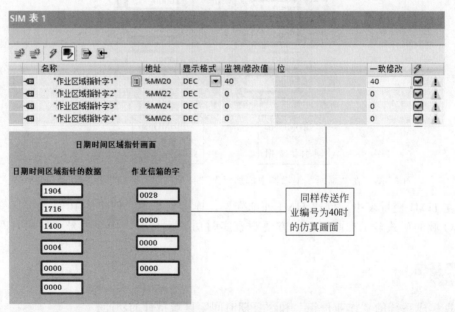

图 6-6-7　作业号为 40 的运行结果

第七节 "数据记录"区域指针

一、概述

在前面配方及配方视图章节介绍的配方应用实例是由 HMI 作为主动方，决定向 PLC 传送配方号和配方数据记录编号。有些工艺控制系统是由 PLC 决定需要传送的配方号和数据记录编号，这时常使用"数据记录"区域指针功能完成此作业。

"数据记录"区域指针在 PLC 的数据区，PLC 和 HMI 设备都可以访问，其数据区格式如图 6-7-1 所示。

(a)

状态字数值		含义
十进制数	二进制数	
0	0000 0000	允许传送，数据信箱为空
2	0000 0010	传送
4	0000 0100	传送已完成，没有错误
12	0000 1100	传送完成，出现错误

(b)

图 6-7-1 "数据记录"区域指针数据区格式及状态字含义

PLC 或 HMI 读取数据区数值，可以知道当前的配方号和数据记录编号，以及当前数据记录的传送状态；PLC 或 HMI 写数据区，可以决定当前要传送的配方号和数据记录编号是哪一个。可以通过 HMI 设备设置状态字、由 PLC 复位为 0，表明当前数据记录传送交互的工作阶段（状态）。

数据记录是由 HMI 向 PLC 传送，还是由 PLC 向 HMI 传送，由"作业信箱"的作业号决定，向作业信箱传送作业号和参数（配方号和数据记录号）即触发数据记录的传送。见表 6-5-1 中的作业号 69、70 的说明，作业号 69 表示将当前 PLC 的配方数据记录传送到 HMI 存储区；作业号 70 表示将当前 HMI 存储区的配方数据记录传送到 PLC 配方数据区或配方变量存储单元。

这两个有关配方数据记录作业号的工作需要用到作业信箱区域指针，需要 HMI 设备配方编辑器、配方视图控件、PLC 逻辑程序等的有序配合一起工作。以下数据记录区域指针的组态和仿真需要在第五章配方及配方视图内容的基础上工作，有关配方章节以及前面的知识内容将简述。

二、组态和仿真

步骤一

创建 HMI 和 PLC 集成项目。

步骤二

如前例，在 PLC 项目中创建全局数据块并在该数据块中组态"数据记录"区域指针和"作业信箱"数据区，如图 6-7-2 所示。

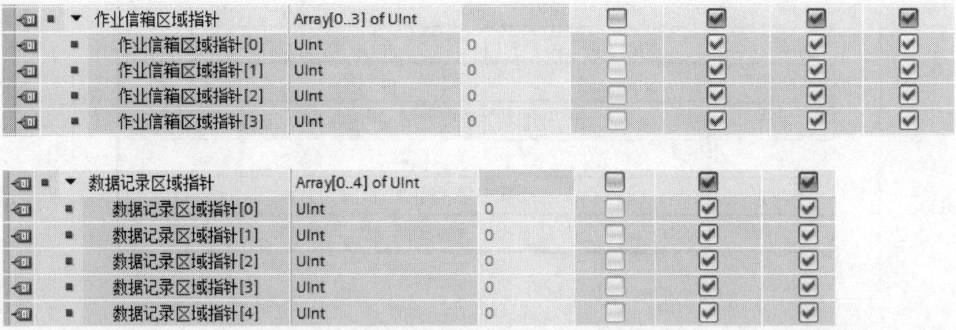

▼ 作业信箱区域指针	Array[0..3] of UInt			☐	☑	☑	☑
作业信箱区域指针[0]	UInt	0		☐	☑	☑	☑
作业信箱区域指针[1]	UInt	0		☐	☑	☑	☑
作业信箱区域指针[2]	UInt	0		☐	☑	☑	☑
作业信箱区域指针[3]	UInt	0		☐	☑	☑	☑
▼ 数据记录区域指针	Array[0..4] of UInt			☐	☑	☑	
数据记录区域指针[0]	UInt	0		☐	☑	☑	
数据记录区域指针[1]	UInt	0		☐	☑	☑	
数据记录区域指针[2]	UInt	0		☐	☑	☑	
数据记录区域指针[3]	UInt	0		☐	☑	☑	
数据记录区域指针[4]	UInt	0		☐	☑	☑	

图 6-7-2　在 PLC 数据块中添加"作业信箱"和"数据记录"区域指针

在 PLC 数据块中创建配方元素变量，如图 6-7-3 所示，用来观察激活"数据记录"区域指针后数据记录传送交换的效果。

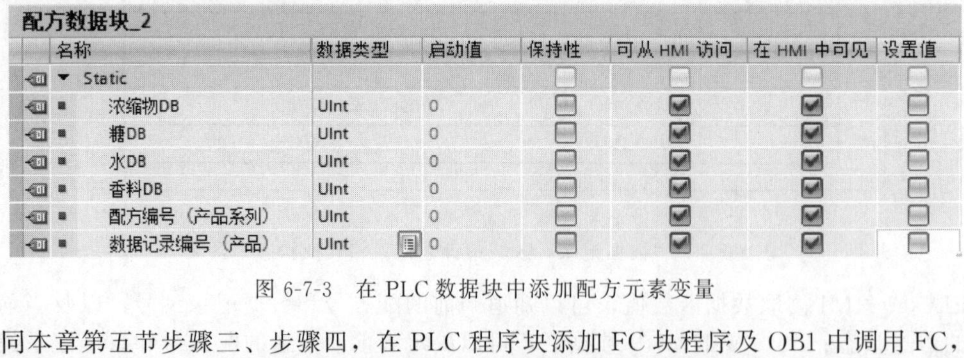

配方数据块_2

名称	数据类型	启动值	保持性	可从 HMI 访问	在 HMI 中可见	设置值
▼ Static						
浓缩物DB	UInt	0	☐	☑	☑	☐
糖DB	UInt	0	☐	☑	☑	☐
水DB	UInt	0	☐	☑	☑	☐
香料DB	UInt	0	☐	☑	☑	☐
配方编号（产品系列）	UInt	0	☐	☑	☑	☐
数据记录编号（产品）	UInt	0	☐	☑	☑	☐

图 6-7-3　在 PLC 数据块中添加配方元素变量

同本章第五节步骤三、步骤四，在 PLC 程序块添加 FC 块程序及 OB1 中调用 FC，用来向作业区域指针输入作业号和参数，如图 6-5-4 和图 6-5-5 所示。

步骤三

在 HMI 项目的"连接"编辑器中激活组态"作业信箱"和"数据记录"区域指针，如图 6-7-4 所示。

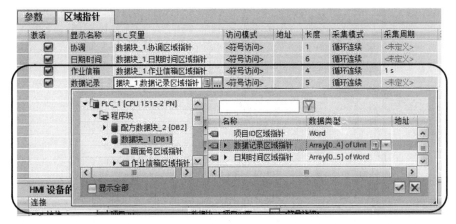

图 6-7-4　在 HMI 设备的"连接"编辑器中激活组态"数据记录"区域指针

步骤四

在 HMI 项目的"配方"编辑器中编辑组态配方、元素及数据记录。如图 6-7-5 所示。

图中添加了四个配方，每个配方的属性巡视窗格的"同步"属性勾选"协调的数据传输"选项，并指定所连接的 PLC。如图 6-7-6 所示。勾选此项后，HMI 设备才能对"数据记录"区域指针的状态字进行设置，从而使 PLC 与 HMI 通信，协调工作。

	名称		编号		日期	路径				
	配方4（同步传送）	水蜜桃饮品T	4	⬍	2019/3/3…	\Flash\Recipes	▼	…	▼	500	变量	▼
	配方5（同步传送）	苹果味饮品T	5		2019/3/3…	\Flash\Recipes		受限		500	变量
	配方6（同步传送）	葡萄味饮品T	6		2019/3/3…	\Flash\Recipes		受限		500	变量
	配方7（同步传送）	备用	7		2019/4/1…	\Flash\Recipes		受限		500	变量
	<添加>									

元素	**数据记录**						
	名称	显示名称	编号	浓缩物L	糖Kg	水L	香料g	注释
	饮料	水蜜桃饮料T	1 ⬍	54	44	34	604	
	汽水	水蜜桃味汽水T	2	24	14	54	304	
	果汁	水蜜桃果汁T	3	94	4	4	104	
	<添加>							

图 6-7-5　在 HMI 设备的"配方"编辑器中编辑组态配方、元素及数据记录

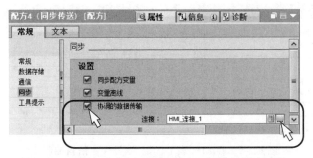

图 6-7-6　每个配方勾选其"同步"属性并指定连接

步骤五

在 HMI 项目的"画面"编辑器中编辑组态画面，便于仿真观察"数据记录"区域指针的功能。如图 6-7-7 所示。

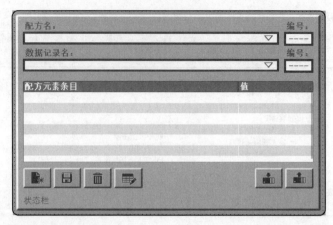

图 6-7-7　添加一个"配方视图"的画面并为其组态步骤四所建的参数

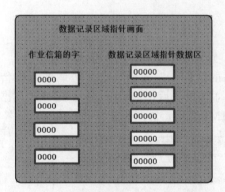

图 6-7-8　添加"数据记录区域指针画面"
方便观察区域指针工作情况

图 6-7-7 中的配方视图可显示 HMI 与 PLC 交换数据记录的情况。为了方便观察 PLC"作业信箱"和"数据记录区域指针"的情况，再添加画面如图 6-7-8 所示，图中用 I/O 域画面对象显示各区域指针的数值。

步骤六

仿真集成系统的"数据记录"区域指针功能。
首先启动 PLC 设备的仿真，运行 PLC。
使组态软件系统"在线"，启用监视 OB1 块、区域指针数据块和配方元素变量数据区的情况，刚上电，所有变量为 0。

启动 HMI 设备开始仿真，查看前面添加的两个画面情况，I/O 域皆显示为 0。必须启动 HMI 设备仿真在线。

现在通过 PLC 仿真 SIM 表模拟 PLC 程序向"作业信箱"传送作业号为 70，将配方编号 4，数据记录编号 1 的数据从 HMI 设备传送到 PLC。SIM 表操作如图 6-7-9 所示。

图 6-7-9　在 SIM 表上设定 70 号作业信箱控制字

鼠标单击图 6-7-9 中 SIM 表的"修改所有选定值"按钮，触发 HMI 向 PLC 传送数据记录，这时观察 PLC 数据区，如图 6-7-10 所示。

其中"数据记录区域指针［3］"的变量值为 4，表示"传送完成，没有错误"。

那么到底数据记录传送过来了吗？在线查看配方元素数据区，如图 6-7-11 所示，对照图 6-7-5 中配方编号 4 数据记录编号 1 的组态数据，可看到传送工作正确。

		作业信箱区域指针	Array[0..3] of UInt		
	■	作业信箱区域指针[0]	UInt	0	70
	■	作业信箱区域指针[1]	UInt	0	4
	■	作业信箱区域指针[2]	UInt	0	1
	■	作业信箱区域指针[3]	UInt	0	0

		数据记录区域指针	Array[0..4] of UInt		
	■	数据记录区域指针[0]	UInt	0	4
	■	数据记录区域指针[1]	UInt	0	1
	■	数据记录区域指针[2]	UInt	0	0
	■	数据记录区域指针[3]	UInt	0	4
	■	数据记录区域指针[4]	UInt	0	0

图 6-7-10 执行 70 作业后的"作业信箱"和"数据记录"区域指针

配方数据块_2

	名称	数据类型	启动值	监视值	保持性	可从 HMI ...	在 HMI ...
1	▼ Static				☐	☐	☐
2	浓缩物DB	UInt	0	54	☐	☑	☑
3	糖DB	UInt	0	44	☐	☑	☑
4	水DB	UInt	0	34	☐	☑	☑
5	香料DB	UInt	0	604	☐	☑	☑

图 6-7-11 执行 70 作业后的配方元素数据值符合作业指令要求

再进行作业号为 69 的仿真操作。

在前面图 6-7-5 步骤中曾添加了"配方 7"作为备用数据存储区，如图 6-7-12 所示。

配方6（同步传送）	葡萄味饮品T	6		2019/3/3 8:42:53	\Flash\Recipes	受限	500	变量	
配方7（同步传送）	备用	7	▲▼	2019/4/19 13:2...	\Flash\Recipes ▼	受... ▼	500	变量	▼
<添加>									

元素 | **数据记录**

名称	显示名称	编号	浓缩物L	糖Kg	水L	香料g	注释
饮料	新饮料T	1	50	40	30	600	
汽水	新汽水T	2	20	10	50	300	
果汁	新果汁T	3 ▲▼	90	60	60	100	
<添加>							

图 6-7-12 "配方"编辑器中"配方 7（备用）"的组态编辑

执行作业号 69，就是将 PLC 的数据记录传送到指定配方号和数据记录号的 HMI 存储区。现修改一下当前 PLC 中的数据记录，如图 6-7-13 所示。然后执行 69 号作业，将当前 PLC 侧的数据记录传送到 HMI 设备中，配方编号为 7，数据记录编号为 1。即使用备用存储区。

配方数据块_2

	名称	数据类型	启动值	监视值	保持性	可从 HMI ...	在 HMI ...
	▼ Static				☐	☐	☐
	■ 浓缩物DB	UInt	0	57	☐	☑	☑
	■ 糖DB	UInt	0	47	☐	☑	☑
	■ 水DB	UInt	0	37	☐	☑	☑
	■ 香料DB	UInt	0	307	☐	☑	☑

图 6-7-13 在线修改 PLC 配方元素变量的值

接着上面的仿真操作，通过 SIM 表将作业信箱的作业号及参数全部设为 0；通过 SIM 表将"数据记录"区域指针的状态字"数据记录区域指针［3］"设为 0。然后通过 SIM 表设定作业信箱编号 69 及参数，如图 6-7-14 所示。传送效果如图 6-7-15 所示。

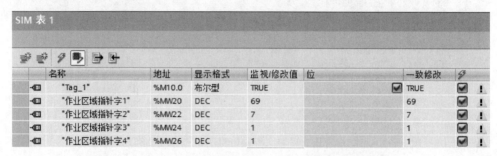

图 6-7-14　在 SIM 表上设定 69 号作业信箱控制字

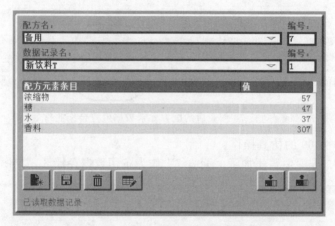

图 6-7-15　从 PLC 传送过来的数据记录

第七章
HMI、PLC集成系统中日期和时间的应用

第一节　触摸屏、PLC 的时钟

一、触摸屏的时钟及操作

触摸屏、PLC 作为控制系统的主要部件，都有各自的内部时钟单元，作为控制系统的日期时间坐标轴。例如，在 HMI 设备的报警、数据记录等功能的应用中，常需要应用触摸屏设备的系统时钟值，显示报警或数据记录时间点的日期时间。

触摸屏设备的日期（date）、时间（time）及时区（time zone）的设置操作如图 7-1-1 所示。

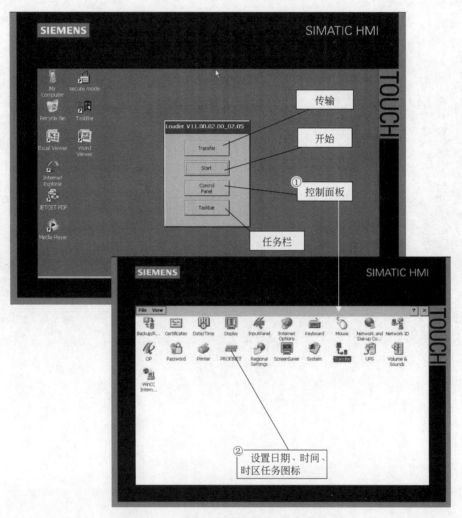

图 7-1-1　触摸屏日期时间时区的调校

触摸屏通电初始化后，弹出图 7-1-1 所示界面，单击"控制面板"按钮，进入"控制面板"，打开"Date/time"图标编辑器，可以为 HMI 设备时钟设置时区、日期和时间等，如图 7-1-2 所示，具体操作不再赘述。

还可以通过画面上的"日期/时间域"设置或调校系统日期时间，如图 7-1-3 所示组态，

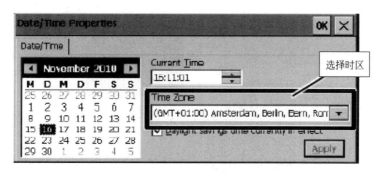

图 7-1-2　触摸屏日期时间、时区的设定

下载到 HMI 设备，在触摸屏运行时，通过"日期/时间域"直接设置。

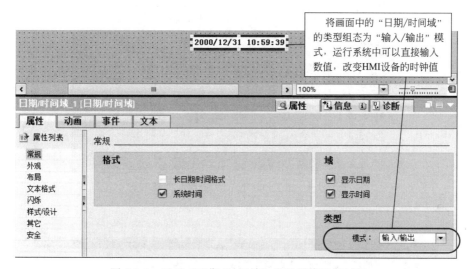

图 7-1-3　通过"日期/时间域"设置系统日期时间

二、 PLC（CPU 模块）的时钟及操作

通过编程调试电脑（PG/PC）的博途组态软件连接在线 PLC，设置 PLC 的时区、日期和时间。如图 7-1-4 所示。

单击"在线"→"在线和诊断"，或双击打开项目树中 PLC 项目下的"在线和诊断"编辑器，单击"在线访问"→"功能"→"设置时间"标签，在"设置时间"工作窗格，可以为 PLC 的 CPU 模块预设日期和时间，点击"应用"命令按钮，即可设置 PLC 的时钟。

如将当前 PG/PC 的时钟下载到 PLC，可以勾选"从 PG/PC 获取"选项，点击"应用"，即将当前编程调试电脑的系统时钟设置应用到 PLC（CPU）系统时钟上。

选择项目树中的 PLC 项目，单击"编辑"→"属性"，在打开的 PLC 属性对话框中设置本地时间的时区等并下载到 PLC 中。如图 7-1-5 所示。

注意：系统时钟时间和本地时间两个概念是有区别的。西门子 HMI、PLC 控制系统中，系统时钟时间是指 PLC、HMI 硬件设备中时钟单元所示的时间，是指部件的时钟时间。本地时间是指设备部件使用地使用的时间，可以包含时区（格林尼治标准时间）和是否应用了夏令时等信息。实际应用中常把系统时钟时间组态调整到本地时间，以适应设备系统使用者的习惯和任务要求。

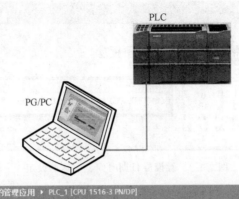

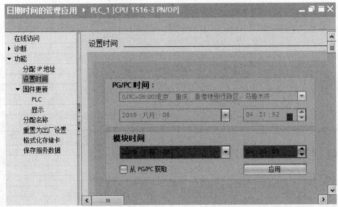

图 7-1-4 由 "PG/PC" 设置 PLC 系统时钟

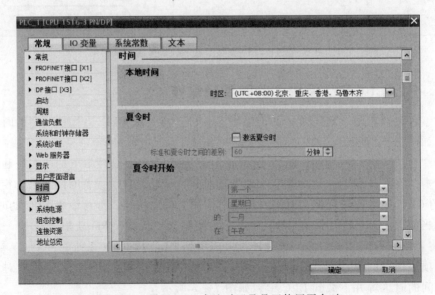

图 7-1-5 设置 PLC 本地时区及是否使用夏令时

第二节　PLC 项目程序中读/写 PLC 时钟时间

　　PLC 控制任务程序中，用 RD＿SYS＿T 指令读取 CPU 的时钟时间，用 WR＿SYS＿T 指令改写其时钟时间，图 7-2-1 所示为指令的相关用法。

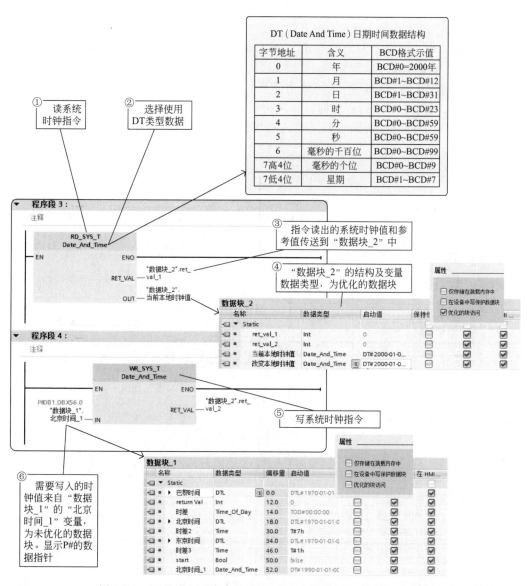

图 7-2-1　PLC 应用程序中的 RD＿SYS＿T 和 WR＿SYS＿T 指令

　　① RD＿SYS＿T 读系统时钟指令在组态软件"项目视图"工作界面右侧选项板窗格的"指令"→"扩展指令"→"日期和时间"文件夹中，该文件夹还包含若干处理日期和时间变量的指令。例如，工艺控制任务需要知道任务开始和结束的日期时间以及用了多少时间，可以在程序中使用 RD＿SYS＿T 指令读取 CPU 时钟在这两个时间点的日期时间，并使用相关指令算出任务过程的用时。在该指令文件夹中还有 RD＿LOC＿T（读取本地时间）指令，

该指令读取的时间包含是否使用了夏时制等信息。

② Date_And_Time 是参与当前指令执行的日期时间变量的数据类型,在 S7-1500 PLC 应用该指令使用的日期时间变量的数据类型可以是 DT(即 Date_And_Time)、DTL 和 LDT 等类型;S7-1200 PLC 使用 DTL 类型;S7-300/400 PLC 仅允许使用 DT 类型。使用不同型号的 PLC,在指令中允许使用的变量数据类型不同。

DT 数据类型是一个复合数据,常用于 S7-300/400 PLC 中,数据长为 8 个字节,每个半字节都有固定的含义,用二-十进制的 BCD 码表示,如图 7-2-1 中 DT 数据结构表所示。例如,该类型数据的第 0 字节存储"年份"信息,如为 00011001,其 BCD 码含义为 19,即表示年份为 2019 年,在程序中表示方式为 BCD♯19。有关 BCD 码和日期时间数据类型的内容等见"变量和变量表"章节。

DTL 是目前广泛使用的日期时间数据类型,S7-1200/1500 PLC 都支持,数据长为 12 个字节。在 PLC 程序中,结合优化的数据块访问和符号变量可以很方便地引用结构中的部分数据和构建更精简的数据块结构。其结构和用法如图 7-2-2 所示。显然 DTL 型数据的计时精度更高。

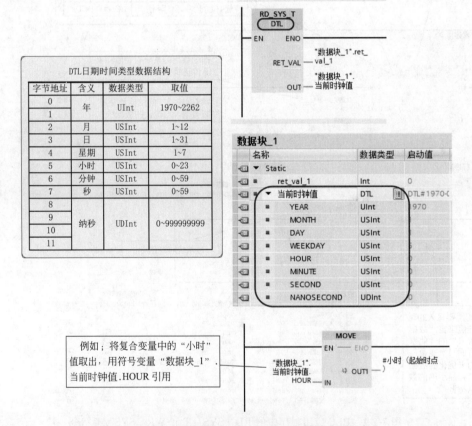

图 7-2-2 DTL 型数据的结构及在指令和数据块中定义

③ RD_SYS_T 读时间指令有两个输出参数 RET_VAL(Int 型数据)和 OUT(取决于指令选定的数据类型,如 DT、DTL 等)。图中这两个参数输出保存到"数据块_2"中。

④ 为此先创建图示的"数据块_2",并在数据块中预定义变量。注意该数据块为编程软件默认的优化的数据块,不再使用变量的绝对地址,突出符号变量的使用。数据块中变量

数据类型的选取要与指令参数使用变量的数据类型一致，如果数据类型选择有误，编程组态系统会给出出错提示信息。

创建数据块或修改了数据块的内容（如插入或添加了新的变量、更改数据类型等），要及时编译数据块，单击执行数据块的右键菜单命令"编译软件"。

⑤ WR_SYS_T 写时间指令。例如在 HMI、PLC 的集成系统中，需要 HMI 和 PLC 设备的系统时钟同步，当需要 PLC 的时钟同步跟随 HMI 的时钟时，控制程序将 HMI 的时钟值读出，然后通过 WR_SYS_T 指令写入 PLC 时钟单元，详见后面章节的介绍。

同样指令组中也有 WR_LOC_T（写本地时间）指令。

⑥ WR_SYS_T 写时间指令的输入参数（IN）来自"数据块_1"。从图中可以看到，当数据块为非优化的数据块时，还会显示输入参数变量的绝对地址，图中为指针型数据变量，在绝对地址寻址变量的程序中应用较多，它通常用来寻址一个由各种数据类型组成的数据区，并在程序中的表达形式上指向寻址数据区的首字节地址，用 P# 作为此类数据的前缀。

第三节　地区标准时间（time zone）的应用

本节通过一个显示各时区标准时间（格林尼治时间）的示例继续学习认识有关 PLC 日期时间运算指令、HMI 日期时间域变量输出的组态等。

如图 7-3-1 所示，图中表示集成系统在北京时区的应用，HMI 的时钟调整到北京时区的时间，同时显示其他地区的标准时间。

下面我们来编制这个示例。

北京时间	2019/8/16 3:01:26
东京时间	2019/8/16 4:01:26
法兰克福时间	2019/8/15 21:01:26
莫斯科时间	2019/8/15 22:01:26
纽约时间	2019/8/15 15:01:26
迪拜时间	2019/8/15 23:01:26

图 7-3-1　各时区即时标准时间

步骤一

建立 HMI 和 PLC 集成系统　在博途组态软件项目树中通过"添加新设备"创建 HMI 设备（TP900 Comfort）和 PLC 设备（CPU1214C），通过"设备和网络"编辑器创建 HMI 和 PLC 之间的网络和集成连接，组成集成系统。

步骤二

建立 PLC 项目　在 PLC 项目的"程序块"编辑器中通过"添加新块"创建一个全局数据块（重命名为"标准时间数据块［DB1］"）和一个 FB 功能块（重命名为"标准时间处理［FB1］"），数据块保持默认的"优化的块访问"属性。

步骤三

为"标准时间数据块［DB1］"添加变量数据　双击打开"标准时间数据块［DB1］"，如图 7-3-2 所示，声明定义若干变量，并预设各变量的数据类型。

标准时间数据块

名称	数据类型	启动值	保持性	可从 HMI ...	在 HMI ...
▼ Static			☐	☐	☐
ret_val_1	Int	0	☐	☑	☑
▶ 北京时间	DTL	DTL#1970-01-01-(	☐	☑	☑
时差_1	Time	T#1h	☐	☑	☑
时差_2	Time	T#4h	☐	☑	☑
时差_3	Time	T#5h	☐	☑	☑
时差_4	Time	T#7h	☐	☑	☑
时差_5	Time	T#1d1h	☐	☑	☑
▶ 东京时间1	DTL	DTL#1970-01-01-(	☐	☑	☑
▶ 纽约时间	DTL	DTL#1970-01-01-(	☐	☑	☑
▶ 法兰克福时间	DTL	DTL#1970-01-01-(	☐	☑	☑
▶ 莫斯科时间	DTL	DTL#1970-01-01-(	☐	☑	☑
▼ 迪拜时间	DTL	DTL#1970-01-01-(	☐	☑	☑
YEAR	UInt	1970	☐	☑	☑
MONTH	USInt	1	☐	☑	☑
DAY	USInt	1	☐	☑	☑
WEEKDAY	USInt	5	☐	☑	☑
HOUR	USInt	0	☐	☑	☑
MINUTE	USInt	0	☐	☑	☑
SECOND	USInt	0	☐	☑	☑
NANOSECOND	UDInt	0	☐	☑	☑

图 7-3-2 “标准时间数据块［DB1］”中定义变量

注意：数据块编制好后要做编译操作。

步骤四

为“标准时间处理［FB1］”功能块编制程序段　双击打开“标准时间处理［FB1］”，在程序段中添加指令，编制程序。如图 7-3-3 所示。

首先，用 RD_SYS_T 指令读取 HMI 的时钟值，本示例日期时间变量的数据类型采用 DTL 型。然后用 T_ADD（日期时间加指令）和 T_SUB（日期时间减指令）加/减与各地区的时差，时差变量用 Time 型变量，这是日期时间加/减指令要求的（DTL PLUS/MINUS Time），这两个指令专门用于日期时间数据变量的加减运算。

程序段 4、5 略。

在 OB1 中调用 FB1。

步骤五

编辑组态 HMI 画面及画面对象　如图 7-3-1 所示。在 HMI 项目中添加新画面，在画面上添加 6 个文本域和 6 个日期/时间域。

所有的“日期/时间域”都使用变量为其赋值，其属性组态如图 7-3-4 所示。

单击“变量”输入框后面的展开按钮“...”，弹出指定变量对话框，直接在对话框中的 PLC 数据块“标准时间数据块［DB1］”中选择变量。这里提示一下，一般在建立 HMI 项目时，通常先在“HMI 变量表”中预定义 HMI 变量，指定数据类型及内部/外部变量等，然后在 HMI 程序中使用，这里没经过预定义 HMI 变量，直接为画面对象设定变量，博途组态软件会自动将在组态项目过程中生成的 HMI 变量编辑到“HMI 变量表”中，不需要在“HMI 变量表”中再定义这些变量，提高了编程操作效率。

步骤六

仿真测试　**仿真测试步骤同前面章节所述，此处省略。**

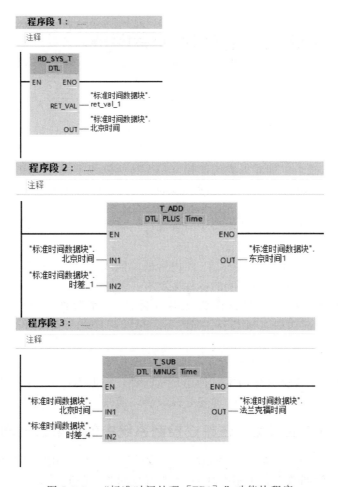

图 7-3-3 "标准时间处理 [FB1]"功能块程序

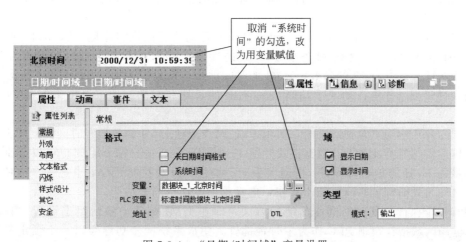

图 7-3-4 "日期/时间域"变量设置

本节实例的北京时间从 PLC（CPU）时钟读取，在 HMI 画面上显示时，可能会与 HMI 面板的实时时钟值有偏差，这是由于两个系统部件的时钟不同步造成的，下一节介绍部件之间的日期时间同步的操作。

第四节　HMI 和 PLC 的时间同步

一、概述

工厂自动化系统中，有很多由若干个 HMI 操作面板和 PLC 控制器组成的控制系统。HMI 面板或 PLC 控制器作为系统中的部件，都有各自的时钟单元。为使这些部件工作运行有序，运行时间要一致，以期获得更高的控制精度。所以其中的一个自动化部件应作为其他部件的时钟（timer component，即集成系统的时钟），也就是各部件的工作时钟应向一个部件的时钟看齐。

担当集成控制系统时钟的部件称为主时钟部件。接受主时钟，跟随主时钟的部件称为从时钟部件。

在集成控制系统中，通过 HMI 和 PLC 内置的功能或用户编制的程序实现部件之间的日期时间同步，支持日期时间同步功能的部件主要有：

HMI：精简面板（Basic，只可作为从时钟部件）、精智面板（Comfort）、移动面板（KTP Mobile）、多功能面板（MP177、MP277、MP377）以及安装有高级（或专业）运行版的工控 PC 等。

PLC：S7-300/400、S7-1200/1500。

集成控制系统中，部件是作为主时钟还是从时钟，根据用户工艺控制任务而定。

不同的部件以及部件是作为主时钟还是从时钟，实现日期时间同步的操作方法不同。

二、S7-300/400 PLC 在集成控制系统中的日期时间同步操作

使用 S7-300/400 PLC 的集成控制系统，一般通过第六章介绍的"区域指针"交换 HMI 和 PLC 之间的日期时间数据，编制 PLC 程序实现日期和时间的同步。

如通过在 HMI 部件项目"连接"编辑器中同时激活设置"日期时间"区域指针和"作业信箱"区域指针。

① 当 PLC 作为主时钟部件时，要求 HMI 的日期或时间同步跟随 PLC 的日期或时间，PLC 程序向"任务信箱"传送任务编号为 14 的参数，HMI 的日期即被自动设置为 PLC 的日期；传送任务编号为 15 的参数，HMI 的时间即被自动设置为 PLC 的时间。也就是 HMI 的日期和时间可以分别自动或手动同步为 PLC 的日期和时间。这可以由编制的 PLC 程序决定。

② 当 HMI 作为主时钟部件时，要求 PLC 同步跟随 HMI 的日期和时间，同样方法，设置任务信箱的编号为 40（DT 数据格式）或 41，这样 PLC 的日期和时间也可以分别自动或手动同步到 HMI 的日期和时间。所谓"手动"是指可以在控制面板上组态一个按钮，当需要部件之间日期时间同步时，点击按钮，启动程序，执行同步功能。

还有一个执行日期时间同步功能的方法，即在 HMI 部件上激活组态设置"日期时间 PLC"全局区域指针，则 PLC 作为主时钟部件，集成系统同步功能会以一个预定义固定的操作周期执行 HMI 同步跟随 PLC 主时钟。这个方法常被采用，在 PLC 程序段中，用前述的 RD_SYS_T 指令读取 CPU 的时钟值，传送到"日期时间 PLC"区域指针指向的数据区（具体操作详见第六章），集成系统同步功能会自动按照组态周期（注意不少于 1min）将区域指针数据区的数据刷新到 HMI 部件。

三、S7-1200/1500 PLC 在集成控制系统中的日期时间同步操作

使用 S7-1200/1500 PLC 的集成系统，日期时间同步操作要简单得多。如图 7-4-1 所示。

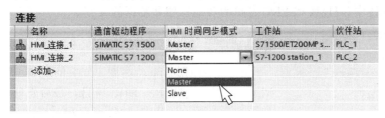

图 7-4-1　在 HMI 项目的连接编辑器中设置"HMI 时间同步模式"

如果 HMI 是精智面板（comfort panel），则操作面板可以设置为主时钟部件（即图中 Master 选项），也可以设置为从时钟部件（Slave）。如果是精简系列面板，则其只能作为从时钟部件，只有 Slave 选项。None 选项表示没有使用时间同步模式。只要做出图示的组态下载到面板，即可执行集成系统的日期时间同步功能。如果 PLC 作为主时钟部件，则 HMI 操作面板上的时钟每 10min 自动同步 PLC 时钟一次。

如果集成系统中有多个 HMI 操作面板与一个 S7-1200 PLC（或 S7-1500 PLC）组成，则至多一个为"Master"，其余都设置为"Slave"。

对于 S7-1200/1500 PLC，同样支持前述各种区域指针功能的应用，详见后述。

如果已为 HMI 设置"Slave"时间同步模式，就不可再使用"DateTimePLC"全局区域指针功能。

如果为 PLC 组态了"完全保护"的密码保护措施，则只要为 HMI 正常组态了访问口令（密码），操作面板仍可自动同步时间。

第五节　集成系统日期时间同步示例一（HMI 为主时钟部件）

本节集成系统日期时间同步采取 HMI 面板作为主时钟部件，系统中的 PLC 为从时钟部件，接受 HMI 的时钟值。当在 HMI 画面单击"开始同步"按钮时，集成系统运用"日期时间"和"任务信箱"区域指针实现 HMI 和 PLC 的数据传输交换，结合 PLC 程序，达到日期时间同步目的，即手动启动执行系统同步功能。

本例系统的设备部件和网络如图 7-5-1 所示。

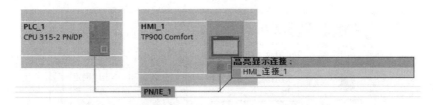

图 7-5-1　在博途"设备和网络"编辑器中组态集成系统

通过本节示例项目的编程组态和操作步骤，学习以下内容。

① S7-300 PLC 数据块的创建，包括全局数据块和背景数据块的创建。

② S7-300 PLC 功能块 FB 的创建和在组织块 OB1 中调用 FB 块。

③ 梯形图编制 HMI 与 PLC 日期时间同步的程序。

④ "日期时间"和"作业信箱"区域指针的运用。

⑤ 集成系统中，HMI 和 PLC 之间的功能程序和数据的交互。

步骤一

建立 PLC 项目　在图 7-5-1 的基础上，建立 S7-300 PLC（CPU 315-2 PN/DP）项目，最后建好的 PLC 项目树如图 7-5-2 所示。其中"Main［OB1］"为组织块，类似主程序块，"日期时间同步 1［FB1］"为功能块，日期时间同步的操作程序在该块内编制，"区域指针数据块［DB1］"是全局数据块，用来存放集成系统应用的区域指针功能的数据，"日期时间同步 1＿DB［DB3］"是 FB1 功能块的背景数据块，FB1 功能块中声明使用的参数变量都保存在该背景数据块中，"数据块＿1［DB2］"为全局数据块，用来保存其他的变量数据。

图 7-5-2　本例 PLC 项目建好后的
PLC 项目树

下面分步介绍这些程序块的创建操作、内部结构、数据类型选择和它们之间的逻辑关系。

步骤二

"区域指针数据块［DB1］"的创建　双击图 7-5-2 中"程序块"→"添加新块"命令，在弹出的"添加新块"对话框中定义新程序块的属性，如图 7-5-3 所示。此处创建一个全局数据块。命名为"区域指针数据块"，作为区域指针功能的数据存储区。全局数据块的内部结构可以任意组织，用户可以根据控制任务的需要，添加数据块，组织数据块（定义任务程序需要的各种数据类型的变量）。PLC 的其他程序块和 HMI 设备都可以读写访问全局数据

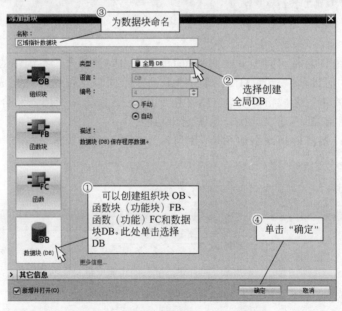

图 7-5-3　创建新程序块，定义其属性

块，且其中的变量数据皆为静态变量，数据保持直到被新的写入操作覆盖，掉电不丢数据。

按照图 7-5-3 所示的操作，最后单击"确定"，组态软件工作窗格随后显示打开的所建 DB 块。按照图 7-5-4 所示，在全局 DB 中声明定义程序需要用的变量。

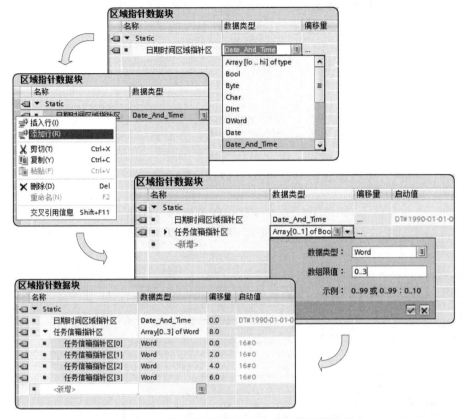

图 7-5-4 为全局数据块组态变量及其数据类型

一旦在 HMI 设备上激活启动了"日期时间"区域指针和"作业信箱"区域指针，本示例的 HMI 会结合"作业信箱"的数据，自动将 HMI 的时钟值传送到"区域指针数据块"→"日期时间区域指针区"变量中，因为数据为日期时间类型的数据，所以，数据块中的变量"日期时间区域指针区"的数据类型为 DT 型（因为是 S7-300/400 系列的 PLC）。

接着，定义一个数组型的变量"任务信箱指针区"，数组元素变量为 Word 型，4 个字长，用来存放任务编号和任务参数。编号和参数通过 PLC 程序设定，HMI 设备读取"任务信箱指针区"数据，根据任务编号和需要的参数的内容进行操作。

步骤三

再添加一个全局数据块"数据块 _ 1［DB2］" 同样方法，再添加一个 DB 数据块，如图 7-5-5 所示。用于项目程序其他变量的存放，使项目数据存储区划分清晰、易读。当然，也可不要这个数据块，将图 7-5-5 中的变量数据放在步骤二创建的数据块中。

变量"开始同步"为布尔型变量，主要用于日期时间同步手动操作，在后面的 HMI 项目组态时，画面中有个"开始同步"按钮，系统运行时，单击此按钮，置位"开始同步"变量，即启动集成系统的同步功能。

该数据块中的其他变量皆是为验证同步效果而设置，不影响系统同步功能的运行。

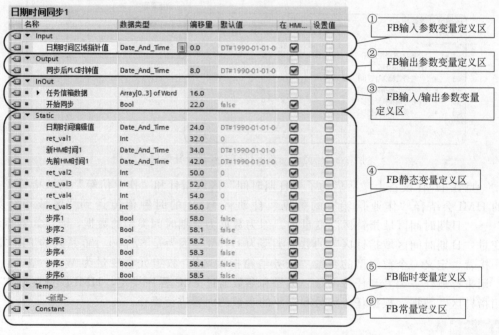

数据块_1						
	名称	数据类型	偏移量	启动值	保持性	在 HMI...
	▼ Static				☐	☐
	开始同步	Bool	0.0	false	☑	☑
	同步后PLC时钟值	Date_And_Time	2.0	DT#1990-01-01-0	☑	☑
	同步操作启动	Bool	10.0	false	☑	☑
	同步前读取PLC日期时间	Date_And_Time	12.0	DT#1990-01-01-0	☑	☑
	ret_val1	Int	20.0	0	☑	☑

图 7-5-5 "数据块_1〔DB2〕"的结构

步骤四

"日期时间同步 1〔FB1〕"函数块（功能块）的创建 同步骤二类似，双击 PLC 项目树中"程序块"→"添加新块"命令，在"添加新块"对话框中，选择"函数块 FB"选项，并在"语言"输入格中选择"LAD"语言，即本例程序采用梯形图方式编制，点击"确定"。

打开 FB 工作窗格，工作窗格上部为 FB 功能块块接口表格，用于声明定义 FB 块内程序运行需要的变量参数，这些在接口表格中声明定义的变量也称为局部变量或本地变量。变量声明结果如图 7-5-6 所示。

日期时间同步1					
	名称	数据类型	偏移量	默认值	在 HMI	设置值
	▼ Input					
	日期时间区域指针值	Date_And_Time	0.0	DT#1990-01-01-0	☑	☐
	▼ Output					
	同步后PLC时钟值	Date_And_Time	8.0	DT#1990-01-01-0	☑	☐
	▼ InOut					
	▶ 任务信箱数据	Array[0..3] of Word	16.0		☐	☐
	开始同步	Bool	22.0	false	☑	☐
	▼ Static					
	日期时间编辑值	Date_And_Time	24.0	DT#1990-01-01-0	☑	☐
	ret_val1	Int	32.0	0	☑	☐
	新HMI时间1	Date_And_Time	34.0	DT#1990-01-01-0	☑	☐
	先前HMI时间1	Date_And_Time	42.0	DT#1990-01-01-0	☑	☐
	ret_val2	Int	50.0	0	☑	☐
	ret_val3	Int	52.0	0	☑	☐
	ret_val4	Int	54.0	0	☑	☐
	ret_val5	Int	56.0	0	☑	☐
	步序1	Bool	58.0	false	☑	☐
	步序2	Bool	58.1	false	☑	☐
	步序3	Bool	58.2	false	☑	☐
	步序4	Bool	58.3	false	☑	☐
	步序5	Bool	58.4	false	☑	☐
	步序6	Bool	58.5	false	☑	☐
	▼ Temp					
	■ <新增>				☐	☐
	▼ Constant					

① FB输入参数变量定义区
② FB输出参数变量定义区
③ FB输入/输出参数变量定义区
④ FB静态变量定义区
⑤ FB临时变量定义区
⑥ FB常量定义区

图 7-5-6 "日期时间同步 1〔FB1〕"功能块变量声明结果

① Input 局部变量声明区用于定义 FB 功能块的输入参数变量。当在 OB 组织块中调用 FB 时，通常要向 FB 块输入（传递）参数（FB 程序代码运行需要的条件数据），则在 FB 块内需要声明定义变量（即局部变量，其数据类型与所接收的块外输入参数变量的数据类型要一致），用来接收块外输入的参数变量，在 FB 块内参与程序处理或运算。

图中，声明定义变量"日期时间区域指针值"（DT 型数据），接收前面创建的"区域指针数据块〔DB1〕"中的"日期时间区域指针区"变量（DT 型数据）。

② Output 局部变量声明区用于定义 FB 功能块的输出参数变量。FB 功能块将程序代码

的处理或运算结果，经 Output 变量声明区定义的变量输出，同样注意块内外变量参数的数据类型要一致。

图中，声明定义变量"同步后 PLC 时钟值"（DT 型数据）。实际上 FB 块正确运行结束后，时间同步功能已经实现，无须输出参数的设置。此处设置该变量主要用于同步效果的验证，将该变量传送到 HMI 画面中，对比同步功能运行前后的 PLC 时钟值。

③ InOut 局部变量声明区用于定义 FB 功能块的输入/输出参数变量。这个区域定义的变量参数既可以作为 FB 块的输入参数变量，也可以作为输出参数变量。这一类的局部变量接收块外数据，参与块内程序处理运算，变量值会改变，改变后的局部变量值又传送到对应的块外变量中。

图中，定义了两个输入/输出局部变量"任务信箱数据"（Array 型数据）和"开始同步"（Bool 型数据）。"任务信箱数据"局部变量对应交换"区域指针数据块［DB1］"中的"任务信箱指针区"变量值（Array 型数据）；"开始同步"局部变量对应交换"数据块 _ 1［DB2］"中的"开始同步"变量值（Bool 型数据）。

④ Static 局部变量声明区用于定义 FB 功能块执行中间所要使用的变量，也称为静态变量。用于存放 FB 块中数据运算处理的块中数据，静态变量值会一直保留，直到重写入新值。

图中，"日期时间编辑值"等几个 DT 型变量用于时间同步功能的处理，"步序 1"～"步序 6"等几个 Bool 型变量用于时间同步程序处理时序的操作。

⑤ Temp 局部变量声明区用于定义 FB 功能块中使用的中间变量，也称为临时变量。用于存放当前 FB 块程序处理用到的临时数据。其值只保留一个程序扫描周期，在当前程序扫描周期内，既写该变量，又读该变量方有效。本示例程序没有使用临时变量。

⑥ Constant 常量声明区用于声明 FB 功能块中使用到的常量。常用一个符号名代表某个常量。

在 FB1 块接口表格中做好局部变量声明定义后，就可以为 FB1 功能块编制时间同步程序代码。

程序段 1：

BLKMOV 块移动指令，可以将源数据区的数据移动到目标数据区，如图 7-5-7 所示。将来自区域指针数据块中 HMI 设备传送过来的时钟值（♯日期时间区域指针值）移动到 FB 块内静态变量"♯日期时间编辑值"中。

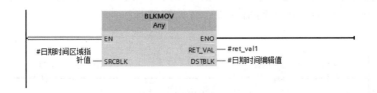

图 7-5-7　程序段 1

凡 FB 块中的局部变量，在 FB 块程序中皆有♯字符作为前缀，以示局部变量。

常用 MOVE 移动指令传送变量值，但 MOVE 指令不支持对 DT 型数据的移动传送，因此用块移动指令 BLKMOV。

程序段 2：

如图 7-5-8 所示，当在 HMI 画面上单击按钮，"♯开始同步"变量置为 1。

在"作业信箱"区域指针的数据区的第一个字为 0 时。依次将任务信箱的三个参数清

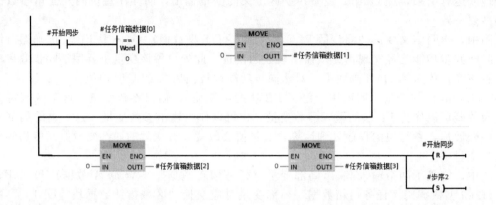

图 7-5-8　程序段 2

零，准备为其布置任务。

然后，将"♯开始同步"复位为 0，置位"♯步序 2"，才可进行第二步操作。

程序段 3：

步序 2，通过 BLKMOV 指令，在 FB 静态变量区先转存一个 HMI 的时钟值，保存到静态变量"♯先前 HMI 时间 1"中，如图 7-5-9 所示。然后才可关闭第二步，开始第三步。

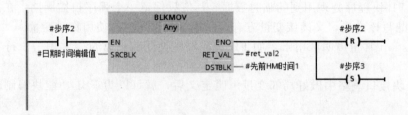

图 7-5-9　程序段 3

程序段 4：

步序 3，为"作业信箱"区域指针设置任务编号，如图 7-5-10 所示。16♯28 即十进制数的 40。关于任务编号等参见前述章节，任务编号 40 表示集成系统以 DT 数据格式将 HMI 时钟值传送到 PLC。然后才可关闭第三步，开始第四步。

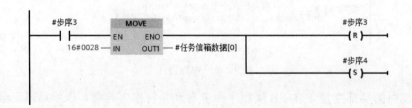

图 7-5-10　程序段 4

程序段 5：

步序 4，HMI 设备在接收了任务编号指定的任务后，会将任务信箱的第一个字清零，如图 7-5-11 所示。此处等待 HMI 完成清零操作。然后才可关闭第四步，开始第五步。

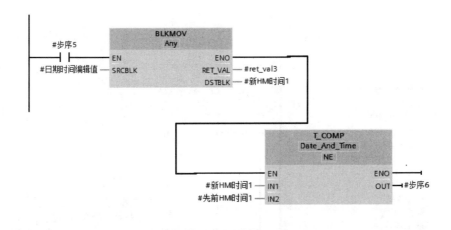

图 7-5-11　程序段 5

程序段 6：

步序 5，经过一小段时间后，再取 HMI 时钟值保存到局部变量"新 HMI 时间 1"中，随后，用"T_COMP"比较时间变量指令，比较两个 DT 型数据，若前后获取的两个时钟值不等，则可进入第六步如图 7-5-12 所示。

图 7-5-12　程序段 6

程序段 7：

步序 6，先关闭第五步。然后将当前 HMI 时钟值通过"WR_SYS_T"设置时间指令，写入 PLC 时钟，如图 7-5-13 所示。关闭第六步。

图 7-5-13　程序段 7

程序段 8：

读取 PLC 时钟值，通过"♯同步后 PLC 时钟值"输出变量传送到 HMI 画面显示，如

图 7-5-14 所示。

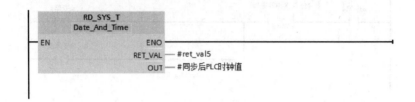

图 7-5-14　程序段 8

至此结束步骤四，及时编译保存程序块。

步骤五

组织块 OB1 中调用 FB1 功能块　在 OB1 组织块中调用 FB1 操作步骤如图 7-5-15 所示。

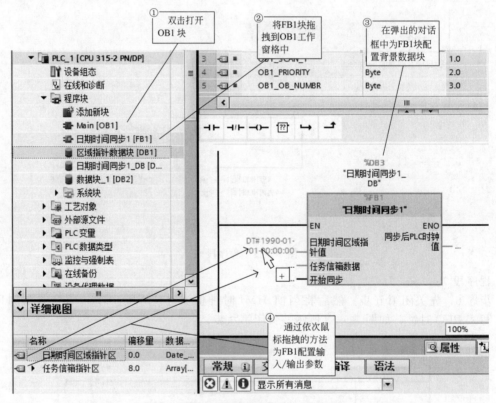

图 7-5-15　组织块中调用程序块的操作

在为 FB1 功能块配置输入/输出参数时，单击选择 PLC 项目树程序块下的"区域指针数据块［DB1］"，如图 7-5-15 所示，被选中的数据块呈深灰色显示，在图左下角的"详细视图"窗格显示被选数据块的内容，鼠标选择其中需要的变量，拖拽到指令块的参数端，鼠标指针标记呈图示状，松开鼠标左键，即完成参数配置。

同样，再分别选择"数据块_1［DB2］"中的"开始同步"和"同步后 PLC 时钟值"两个变量拖拽到指令块参数端。操作完毕如图 7-5-16 所示。

本节示例程序块皆采用标准块访问（也称为一般访问或非优化访问），程序中可显示变

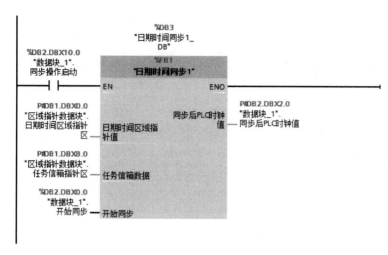

图 7-5-16　OB1 组织块程序

量的符号地址和绝对地址。注意理解带 P♯ 前缀的指针型变量的含义和用法。

图 7-5-15　中"日期时间同步 1＿DB〔DB3〕"数据块为 FB1 功能块的背景数据块，双击打开该数据块如图 7-5-17 所示。

		名称	数据类型	偏移量	启动值	保持性	在 HMI ...
◀|| ▼	Input				☐	☐
◀|| ■	日期时间区域指针值	Date_And_Time	0.0	DT#1990-01-01-0	☑	☑
◀|| ▼	Output				☐	☐
◀|| ■	同步后PLC时钟值	Date_And_Time	8.0	DT#1990-01-01-0	☑	☑
◀|| ▼	InOut				☐	☐
◀|| ■	任务信箱数据	Array[0..3] of Word	16.0		☑	☐
◀|| ■	开始同步	Bool	22.0	false	☑	☑
◀|| ▼	Static				☐	
◀|| ■	日期时间编辑值	Date_And_Time	24.0	DT#1990-01-01-0	☑	☑
◀|| ■	ret_val1	Int	32.0	0	☑	☑
◀|| ■	新HMI时间1	Date_And_Time	34.0	DT#1990-01-01-0	☑	☑
◀|| ■	先前HMI时间1	Date_And_Time	42.0	DT#1990-01-01-0	☑	☑
◀|| ■	ret_val2	Int	50.0	0	☑	☑
◀|| ■	ret_val3	Int	52.0	0	☑	☑
◀|| ■	ret_val4	Int	54.0	0	☑	☑
◀|| ■	ret_val5	Int	56.0	0	☑	☑
◀|| ■	步序1	Bool	58.0	false	☑	☑
◀|| ■	步序2	Bool	58.1	false	☑	☑
◀|| ■	步序3	Bool	58.2	false	☑	☑
◀|| ■	步序4	Bool	58.3	false	☑	☑
◀|| ■	步序5	Bool	58.4	false	☑	☑
◀|| ■	步序6	Bool	58.5	false	☑	☑

日期时间同步1_DB

图 7-5-17　FB1 背景数据块"日期时间同步 1＿DB〔DB3〕"

背景数据块的结构依赖于 FB 块接口变量的设置。

步骤六

HMI 设备部分的组态

① 在 HMI 项目树"连接"编辑器中，激活组态区域指针的应用。如图 7-5-18 所示。操作步骤详见前面章节所述。

② 为 HMI 添加新画面"日期时间同步验证画面"，画面如图 7-5-19 所示。

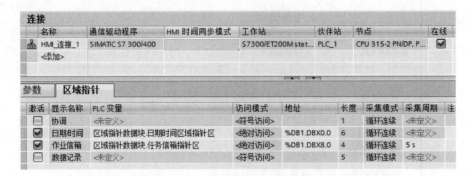

图 7-5-18　HMI "连接" 编辑器中激活区域指针

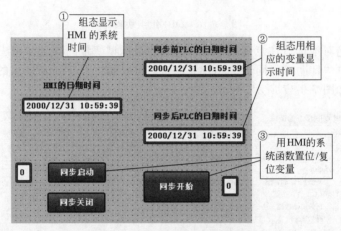

图 7-5-19　日期时间同步验证画面

步骤七

编译、下载、保存、验证测试程序　同步操作前画面如图 7-5-20 所示。PLC 时钟值与当前 HMI 时钟值有误差。单击画面中的 "同步开始" 按钮，执行同步程序，日期时间同步后效果如图 7-5-21 所示。PLC 时钟值与 HMI 时钟值一致。

运行一段时间后，如果部件之间的时钟又出现了偏差，可以再次手动操作画面按钮，同步系统时间。

图 7-5-20　同步操作前画面

图 7-5-21　同步操作后画面

第六节　集成系统日期时间同步示例二（PLC 为主时钟部件） ‹

本节示例集成系统的设备和网络如图 7-6-1 所示。PLC 为 S7-1500 系列控制器，PLC 作为主时钟部件实现集成系统的日期时间同步。分别采用"作业信箱"区域指针的任务编号 14（实现时间同步）和 15（实现日期同步）操作读取 PLC 的时钟值写到 HMI 设备的时钟中。

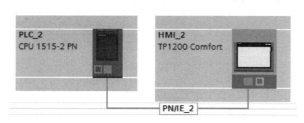

图 7-6-1　示例二集成系统的设备网络

有关"作业信箱"区域指针的详细介绍见第六章第五节。

通过本节示例项目的编程组态和操作步骤，主要学习以下内容。

① 优化程序块中的符号寻址、块结构、梯形图指令的特点。

② S7-1500 PLC 的梯形图指令、程序块（FB 功能块、全局数据块、背景数据块和多重背景数据块）创建和使用。

③ "作业信箱"区域指针编号 14 和 15 任务分别实现日期和时间同步的梯形图程序的编制。

步骤一

建立 PLC 项目　创建好的 S7-1500 PLC（CPU 1515-2 PN）项目的项目树如图 7-6-2 所示。

图 7-6-2　本节示例 PLC 项目建好后的项目树

步骤二

"区域指针数据区［DB2］"的创建　添加一个全局数据块，如图 7-6-3 所示在块内定义好变量，本节日期时间同步功能只用到"作业信箱"区域指针。

区域指针数据区

	名称	数据类型	启动值	保持性	可从 HMI 访问	在 HMI 中可见
⟐	▼ Static					
⟐ ■	▶ 日期时间区域指针区	DTL	DTL#1970-0	☐	☑	☑
⟐ ■	▼ 任务信箱指针区	Array[0..3] of Word		☐	☑	☑
⟐	■　任务信箱指针区[0]	Word	16#0	☐	☑	☑
⟐	■　任务信箱指针区[1]	Word	16#0	☐	☑	☑
⟐	■　任务信箱指针区[2]	Word	16#0	☐	☑	☑
⟐	■　任务信箱指针区[3]	Word	16#0	☐	☑	☑

图 7-6-3　DB2 数据块的结构

步骤三

再添加一个全局数据块"数据块 _ 1〔DB1〕" 如图 7-6-4 所示。用于存放项目程序使用的其他变量。

	名称	数据类型	启动值	保持性	可从 HMI 访问	在 HMI 中可见	设置值
	▼ Static			☐			
◀ ■	设置时间	Bool	false	☐	☑	☑	☐
◀ ■	设置日期	Bool	false	☐	☑	☑	☐
◀ ■ ▶	读取PLC日期时间	DTL	DTL#1970-01-01	☐	☑	☑	☐
◀ ■	ret_val1	Int	0	☐	☑	☑	☐

数据块_1

图 7-6-4 DB1 数据块的结构

"设置时间"和"设置日期"两个"Bool"型变量被 HMI 画面中的按钮置位,启动同步操作。"读取 PLC 日期时间"变量的数据类型为 DTL。

步骤四

"日期时间同步〔FB1〕"功能块接口参数及变量的创建 其中,"分解信箱数据字 _

		名称	数据类型	默认值	保持性	可从 HMI 访问	在 HMI 中可见
日期时间同步							
1	◀ ▼	Input				☐	☐
2	◀ ▶	当前PLC时钟值	DTL	DTL#1970-01-01	非保持 ▼	☑	☑
3	◀ ▼	Output				☐	☐
4		<新增>				☐	☐
5	◀ ▼	InOut				☐	☐
6	◀ ▶	任务信箱数据	Array[0..3] of Word			☐	☐
7	◀ ■	设置时间	Bool	false	非保持	☑	☑
8	◀ ■	设置日期	Bool	false	非保持	☑	☑
9	◀ ▼	Static				☐	☐
10	◀ ▶	PLC日期时间编辑	DTL	DTL#1970-01-01	非保持	☑	☑
11	◀ ■	步序1	Bool	false	非保持	☑	☑
12	◀ ■	步序2	Bool	false	非保持	☑	☑
13	◀ ■	步序3	Bool	false	非保持	☑	☑
14	◀ ■	步序4	Bool	false	非保持	☑	☑
15	◀ ■	步序5	Bool	false	非保持	☑	☑
16	◀ ■	步序6	Bool	false	非保持	☑	☑
17	◀ ■	步序7	Bool	false	非保持	☑	☑
18	◀ ▶	分解信箱数据字_Ins...	"分解信箱数据字"			☑	☑
19	◀ ▶	合成信箱数据字_Ins...	"合成信箱数据字"			☑	☑
20	◀ ▼	Temp				☐	☐
21	◀ ■	Tmp_RetVal	Int			☐	☐
22	◀ ■	任务信箱字节0	Byte			☐	☐
23	◀ ■	任务信箱字节1	Byte			☐	☐
24	◀ ■	任务信箱字节2	Byte			☐	☐
25	◀ ■	任务信箱字节3	Byte			☐	☐
26	◀ ■	任务信箱字节4	Byte			☐	☐
27	◀ ■	任务信箱字节5	Byte			☐	☐
28	◀ ■	任务信箱字节6	Byte			☐	☐
29	◀ ■	任务信箱字节7	Byte			☐	☐
30	◀ ■	信箱数据编辑字1	Word			☐	☐
31	◀ ■	信箱数据编辑字2	Word			☐	☐
32	◀ ▼	Constant				☐	☐
33	■	<新增>			▼	☐	☐

图 7-6-5 "日期时间同步〔FB1〕"功能块的块接口的设置

Instance"和"合成信箱数据字_Instance"为多重背景数据块。它们是图7-6-2 PLC项目树所示的"分解信箱数据字［FB2］"和"合成信箱数据字［FB3］"两个功能块的背景数据块，它们嵌套在"日期时间同步［FB1］"功能块的背景数据块中，是"日期时间同步［FB1］"功能块的背景数据块的一部分，为FB2或FB3使用，也可正常被FB1使用，所以叫多重背景数据块。

在FB1块中调用FB2和FB3时，会在FB1的接口表格的静态变量区生成多重背景数据块的声明。在OB1中调用FB1时，在生成的FB1背景数据块中会嵌套生成"分解信箱数据字_Instance"和"合成信箱数据字_Instance"两个多重背景数据块。这些操作会在后面的步骤中介绍，现在先来创建FB2和FB3功能块。

步骤五

"分解信箱数据字［FB2］"功能块的创建　如第六章第五节的图6-5-1所示，"作业信箱"区域指针数据区是一个数组型变量，其元素数据为 Word（16 位字），由 4 个字（Word）组成，后 3 个作业参数字在不同作业编号时的含义不同，且分别用字节 Byte（8位）表示，详见第六章第五节的表 6-5-1 所示。

"分解信箱数据字［FB2］"的功能是将"作业信箱"数据区的 4 个 Word 分解为 8 个 Byte，便于为其赋值。FB2 的接口参数变量设置如图 7-6-6 所示。

分解信箱数据字						
	名称	数据类型	默认值	保持性	可从HMI …	在HMI …
▼	Input				☐	☐
	▶ 任务信箱数据	Array[0..3] of Word		非保持	☑	☑
▼	Output				☐	☐
■	任务信箱字节0	Byte	16#0	非保持	☑	☑
■	任务信箱字节1	Byte	16#0	非保持	☑	☑
■	任务信箱字节2	Byte	16#0	非保持	☑	☑
■	任务信箱字节3	Byte	16#0	非保持	☑	☑
■	任务信箱字节4	Byte	16#0	非保持	☑	☑
■	任务信箱字节5	Byte	16#0	非保持	☑	☑
■	任务信箱字节6	Byte	16#0	非保持	☑	☑
■	任务信箱字节7	Byte	16#0	非保持	☑	☑
▼	InOut				☐	☐
■	<新增>				☐	☐
▼	Static				☐	☐
■	<新增>				☐	☐
▼	Temp				☐	☐
■	信箱数据编辑字1	Word			☐	☐
■	信箱数据编辑字2	Word			☐	☐
▼	Constant				☐	☐
■	<新增>				☐	☐

图 7-6-6　"分解信箱数据字［FB2］"功能块的块接口的接口参数变量设置

即 FB2 的输入参数为一个数组变量（含 4 个字），输出参数为 8 个字节变量。

FB2 功能块的程序代码如下。

程序段 1：

SWAP 交换指令将"作业信箱"的首字的 8 位高字节和低字节的数据互换位置后传送到临时变量"♯信箱数据编辑字 1"中，利用 MOVE 指令的沿地址升序方向进行传送的特点，分别将"作业信箱"的首字的 8 位高字节传送到输出参数"♯任务信箱字节 0"；低 8 位字节传送到输出参数"♯任务信箱字节 1"中。输出到 FB2 之外，如图 7-6-7 所示。

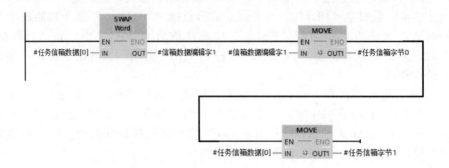

图 7-6-7　程序段 1

程序段 2：

同理，用 SWAP 和 MOVE 指令将"作业信箱"数据区的第二个字的高 8 位字节传送到"♯任务信箱字节 2"中，低 8 位字节传送到"♯任务信箱字节 3"中。

程序段 3、程序段 4：同理处理第三个字和第四个字，不再赘述。

步骤六

"合成信箱数据字 [FB3]"功能块的创建　反过来，赋过值的 8 个任务信箱参数字节要合成为 4 个字，且组成数组变量，传送到前面创建的"区域指针数据区 [DB2]"中，目的是由 PLC 为 HMI 设备布置任务（作业）。

为此我们创建一个"合成信箱数据字 [FB3]"功能块，用于上述目的。

FB3 的块接口参数变量设置如图 7-6-8 所示。

合成信箱数据字					
名称	数据类型	默认值	保持性	可从 HMI …	在 HMI …
▼ Input				☐	
任务信箱字节0	Byte	16#0	非保持	☑	☑
任务信箱字节1	Byte	16#0	非保持	☑	☑
任务信箱字节2	Byte	16#0	非保持	☑	☑
任务信箱字节3	Byte	16#0	非保持	☑	☑
任务信箱字节4	Byte	16#0	非保持	☑	☑
任务信箱字节5	Byte	16#0	非保持	☑	☑
任务信箱字节6	Byte	16#0	非保持	☑	☑
任务信箱字节7	Byte	16#0	非保持	☑	☑
▼ Output				☐	
▶ 　任务信箱数据	Array[0..3] of Word		非保持	☑	☑
▼ InOut				☐	
<新增>				☐	
▼ Static				☐	
<新增>				☐	
▼ Temp				☐	
信箱数据字1	Word			☐	
信箱数据字2	Word			☐	
信箱数据字3	Word			☐	
▼ Constant				☐	
<新增>			▼	☐	☐

图 7-6-8　"合成信箱数据字 [FB3]"功能块的块接口的参数变量设置

FB3 功能块的程序代码如下。如图 7-6-9～图 7-6-16 所示。

程序段 1：

图 7-6-9　程序段 1

程序段 2：

图 7-6-10　程序段 2

程序段 3：

图 7-6-11　程序段 3

程序段 4：

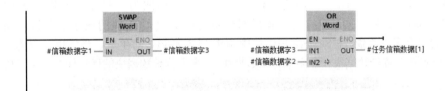

图 7-6-12　程序段 4

程序段 5：

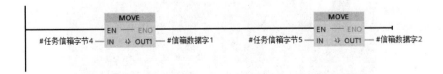

图 7-6-13　程序段 5

程序段 6:

图 7-6-14　程序段 6

程序段 7:

图 7-6-15　程序段 7

程序段 8:

图 7-6-16　程序段 8

步骤七

"日期时间同步［FB1］"功能块代码的编制　步骤四为"日期时间同步［FB1］"功能块配置了接口参数。这些接口参数和局部变量将在 FB1 功能块的程序中获得应用。

其中的两个多重背景数据块是在 FB1 块中调用 FB2 和 FB3 时生成，当然也可以为 FB2 和 FB3 配置"单个实例"背景数据块（非多重背景数据块）。多重背景数据块的优点如图 7-6-17 中所述。

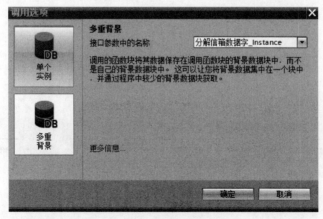

图 7-6-17　"调用选项"对话框

FB1 功能块的程序代码如下。
程序段 1：

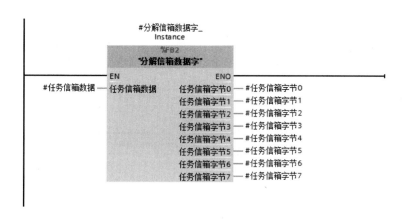

图 7-6-18　程序段 1

程序段 1 首先调用前面创建的 FB2 功能块，如图 7-6-18 所示。具体操作就是将 PLC 项目树中的 FB2 块用鼠标拖曳到当前程序段 1 代码区，形成功能块内嵌套功能块。这时弹出"调用选项"对话框，如图 7-6-17 所示。鼠标单击选择其中的"多重背景"选项，然后"确定"。

程序段 2～程序段 6 用来设置同步时间，如图 7-6-19～图 7-6-23 所示。

程序段 2：

图 7-6-19　程序段 2

程序段 3：

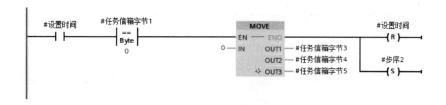

图 7-6-20　程序段 3

HMI 设备在激活接收了"作业信箱"任务后即将作业编号清零。程序段 1 中的比较指令用于判断 HMI 与 PLC 的区域指针数据交换的准备工作是否做好了。然后用可扩展 OUT

输出端的移动指令将作业参数都置为 0。

程序段 4：

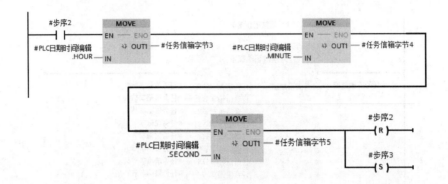

图 7-6-21　程序段 4

依次将当前 PLC 时钟值的时、分、秒等数据输入三个字节型临时变量中，准备合成作业字。

程序段 5：

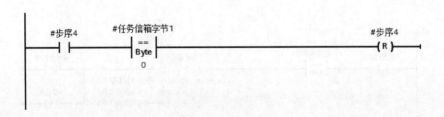

图 7-6-22　程序段 5

向作业字中作业编号字节传送作业编号 14。

程序段 6：

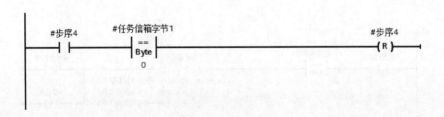

图 7-6-23　程序段 6

直到 HMI 接收了编号为 14 的作业任务。

程序段 7：

程序段 7～程序段 10 用来设置同步日期，如图 7-6-24～图 7-6-27 所示。

图 7-6-24　程序段 7

程序段 8：

图 7-6-25　程序段 8

程序段 9：

图 7-6-26　程序段 9

程序段 10：

图 7-6-27　程序段 10

无论是同步时间（作业编号 14），还是同步日期（作业编号 15）都要将临时变量中的作业字节合成为区域指针所要求的 Word 型数组，如图 7-6-28 所示。

程序段 11:

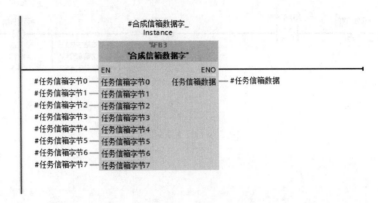

图 7-6-28　程序段 11

至此结束步骤七，编译保存程序块。

步骤八

组织块 OB1 的编制　OB1 相当于 PLC 程序的主程序，程序段 1 首先用"读取时间"指令读取当前 PLC 的时钟日期时间值，放在全局数据块预定义的变量中，如图 7-6-29 所示。程序段 2 调用 FB1，为"作业信箱"区域指针数据区赋值，要求 HMI 设备将当前 PLC 时钟值写到 HMI 时钟，如图 7-6-30 所示。

程序段 1:

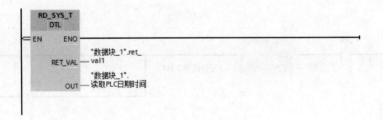

图 7-6-29　程序段 1

程序段 2:

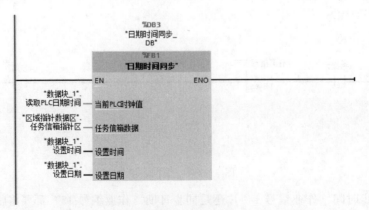

图 7-6-30　程序段 2

在 OB1 中调用 FB1 生成的背景数据块如图 7-6-31 所示。

	名称	数据类型	启动值	保持性	可从 HMI ...	在 HMI ...
▼	Input					
▶	当前PLC时钟值	DTL	DTL#1970-01-01-...	☐	☑	☑
▼	Output			☐	☐	☐
▼	InOut			☐	☐	☐
	任务信箱数据	Array[0..3] of Word		☐	☐	☐
	设置时间	Bool	false	☐	☑	☑
	设置日期	Bool	false	☐	☑	☑
▼	Static			☐	☐	☐
▶	PLC日期时间编辑	DTL	DTL#1970-01-01-...	☐	☑	☑
	步序1	Bool	false	☐	☑	☑
	步序2	Bool	false	☐	☑	☑
	步序3	Bool	false	☐	☑	☑
	步序4	Bool	false	☐	☑	☑
	步序5	Bool	false	☐	☑	☑
	步序6	Bool	false	☐	☑	☑
	步序7	Bool	false	☐	☑	☑
▶	分解信箱数据字_Instance	"分解信箱数据字"		☐	☑	☑
▶	合成信箱数据字_Instance	"合成信箱数据字"		☐	☑	☑

日期时间同步_DB

图 7-6-31 "FB1"背景数据块的结构

步骤九

HMI 设备部分的组态
① 在 HMI 项目树"连接"编辑器中的组态。如图 7-6-32 所示。

连接

	名称	通信驱动程序	HMI 时间同步模式	工作站	伙伴站	节点
	HMI_连接_2	SIMATIC S7 1500	None	S71500/ET200MP s...	PLC_2	CPU 1515-2 PN, PR...
	<添加>					

参数 | **区域指针**

激活	显示名称	PLC 变量	访问模式	地址	长度	采集模式	采集周期
☐	协调	<未定义>	<符号访问>		1	循环连续	<未定义>
☐	日期时间	<未定义>	<符号访问>		6	循环连续	<未定义>
☑	作业信箱	区域指针数据区:任务信箱指针区	<符号访问>		4	循环连续	5 s
☐	数据记录	<未定义>	<符号访问>		5	循环连续	<未定义>

图 7-6-32 HMI "连接"编辑器中激活"作业信箱"区域指针

② 在 HMI 项目演示同步画面的组态。如图 7-6-33 所示。

图 7-6-33 HMI 的演示画面

画面中的画面对象的属性、事件等设置组态如图 7-6-34 所示。

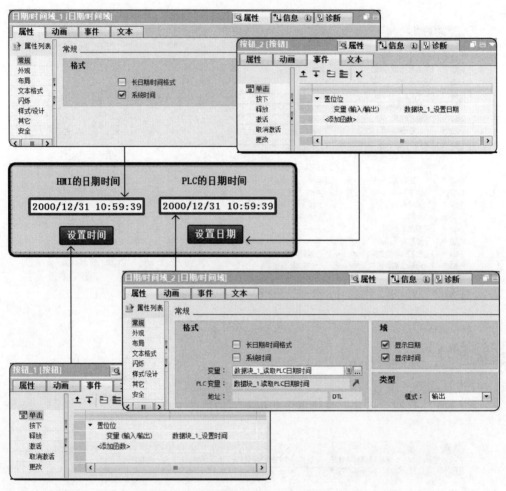

图 7-6-34 画面对象属性、事件的设置组态

步骤十

仿真测试验证日期和时间同步程序 略。

第七节 HMI 显示 PLC 工艺任务执行的起止时间 ‹

一、"时间管理" 工具概述

"时间管理"是企事业管理的一个重要内容，既是一个概念，也是一种方法，有一套论述和实施体系。对于生产制造企业，生产计划、质量控制、工艺改善和设备管理等，都会运用到"时间管理"的概念和方法。

例如产品的生产加工时间（生产周期）或工艺执行时间的控制，"时间管理"的高效性，不一定是时间或周期越短越好，也可能要求要控制在一个时间段（周期）内，有些还可能会要求有较高的时间控制精度。

有些工艺任务的执行要求指定某个起止时间点等。

"时间管理"落到实处的要点之一是基础层面时间数据的准确和及时获取，例如生产工艺任务（或其中的工艺段）执行起止时间的记录和即时显示等。从本章前面几节的介绍中，可以看到 HMI 和 PLC 集成系统有非常强的日期/时间的计时、分析计算和数据处理的功能，是落实"时间管理"的有力支持工具。

二、HMI+ PLC 集成系统记录显示工艺任务的起止时间

如图 7-7-1 所示为本节示例的设备网络。

图 7-7-2 和图 7-7-3 为工艺任务开始后和结束后的画面，显示工艺任务执行的起止时间。单击"工艺任务起止按钮"，任务开始执行（开始生产）。再次单击该按钮，则工艺任务结束。这里为方便演示使用了按钮，实际生产制造环

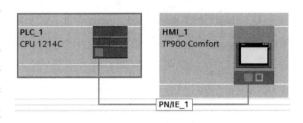

图 7-7-1　本节示例设备和网络

节，任务或任务段的起止标志可能是由 PLC/HMI 程序中的其他变量或事件函数置位（开始）或复位（结束）的。

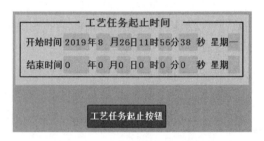

图 7-7-2　工艺任务开始后显示画面

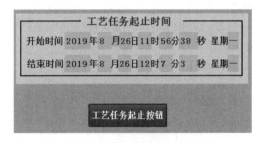

图 7-7-3　工艺任务结束后显示画面

下面介绍组态该功能的主要步骤。

步骤一

建立 PLC 项目　如图 7-7-4 所示为编制好后的 PLC 项目树，可以看到，创建了一个"功能"（即函数）FC 块。FC 块的特点是不带 FB 块所要的背景数据块，其他用法与 FB 块一样。本节用一个 FC 程序块实现对工艺任务起止时间的读取和与 HMI 的交互显示。

步骤二

全局数据块"数据块＿1［DB1］"的创建　如图 7-7-5 所示，在"数据块＿1"中声明图示的变量。

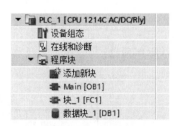

图 7-7-4　任务起止时间
PLC 项目树

数据块_1

	名称	数据类型	启动值	保持性	可从 HMI 访问	在 HMI 中可见
⬛ ▼	Static			☐		
⬛ ■ ▼	读取时间	DTL	DTL#1970-01-01-	☐	☑	☑
⬛ ■	YEAR	UInt	1970	☐	☑	☑
⬛ ■	MONTH	USInt	1	☐	☑	☑
⬛ ■	DAY	USInt	1	☐	☑	☑
⬛ ■	WEEKDAY	USInt	5	☐	☑	☑
⬛ ■	HOUR	USInt	0	☐	☑	☑
⬛ ■	MINUTE	USInt	0	☐	☑	☑
⬛ ■	SECOND	USInt	0	☐	☑	☑
⬛ ■	NANOSECOND	UDInt	0	☐	☑	☑
⬛ ■ ▶	待编辑时间	DTL	DTL#1970-01-01-	☐	☑	☑
⬛ ■	tag1	Bool	false	☐	☑	☑
⬛ ■	tag2	Bool	false	☐	☑	☑
⬛ ■	tag3	Bool	false	☐	☑	☑
⬛ ■	tag4	Bool	false	☐	☑	☑
⬛ ■	工艺任务起止标志	Bool	false	☐	☑	☑
⬛ ■ ▶	开始时间	DTL	DTL#1970-01-01-	☐	☑	☑
⬛ ■ ▶	结束时间	DTL	DTL#1970-01-01-	☐	☑	☑
⬛ ■	RET_VAL	Int	0	☐	☑	☑

图 7-7-5 "数据块_1"的结构

步骤三

"块_1〔FC1〕"功能程序的编制 "块_〔FC1〕"功能程序的编制如图 7-7-6～图 7-7-9 所示。

程序段 1：

图 7-7-6 程序段 1

程序段 2：

图 7-7-7 程序段 2

程序段3：

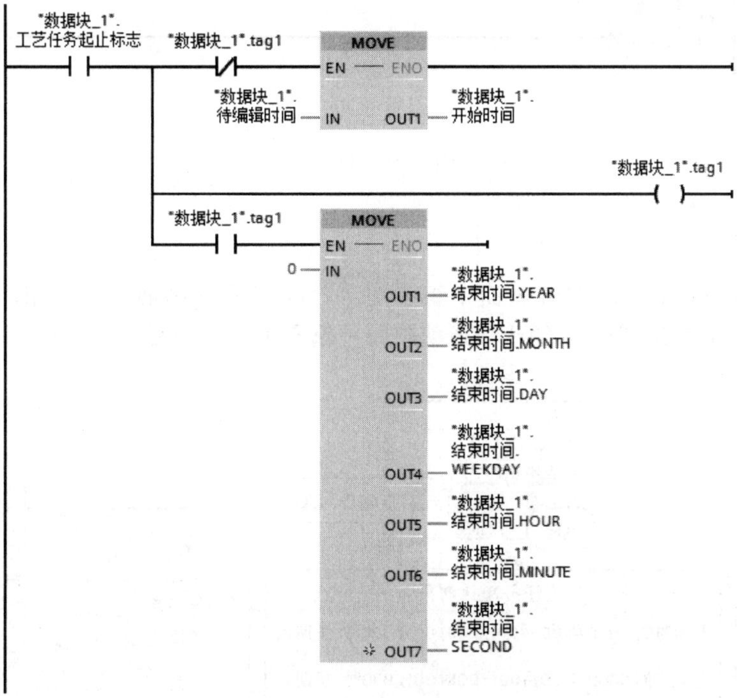

图 7-7-8　程序段 3

程序段4：

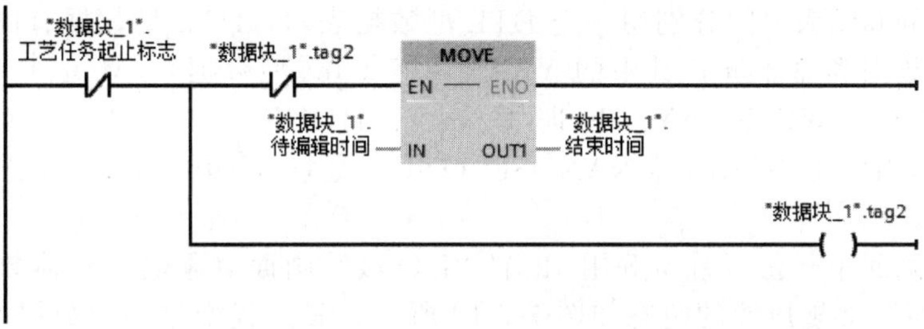

图 7-7-9　程序段 4

FC 块也有块接口参数的设置，诸如输入参数（Input）、输出参数（Output）、输入/输出参数（InOut）、临时变量（Temp）、常量（Constant）等，没有 FB 功能块所特有的静态变量。

本节示例不需要声明定义局部变量，接口变量声明区可以空白。

步骤四

在 OB1 块中调用 FC 块。
程序段1：
在 OB1 组织块中调用 FC 块，如图 7-7-10 所示。

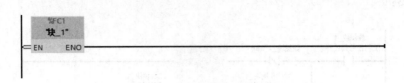

图 7-7-10　程序段 1

步骤五

　　HMI 项目的组态　在 HMI 画面中组态图 7-7-11 所示的画面对象。相同类型的画面对象可以采用复制的方法或按住 Ctrl 键拖动画面对象复制，可快速组态画面。

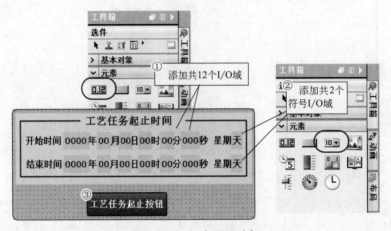

图 7-7-11　组态画面对象

　　① 开始时间和结束时间分别用一个 DTL 型数据表示，DTL 型数据有固定的结构，结构中的变量的数据类型不同，其中的 YEAR（年/UInt 型数据）、MONTH（月/USInt）、DAY（日/USInt）、WEEKDAY（星期/USInt）、HOUR（时/USInt）、MINUTE（分/USInt）、SECOND（秒/USInt）、NANOSECOND（毫秒/UDInt）都可以方便地被程序指令分别读写。

　　图 7-7-11 画面中年份、月份等用 12 个"I/O 域"画面对象输出具体数值。开始时间"年份""I/O 域"常规属性的组态如图 7-7-12 所示，其过程变量为"数据块_1_开始时间_YEAR"，显示格式样式为四位十进制数。

　　同样其他月份、时分等"I/O 域"的过程变量对应设定为 DTL 型变量的结构变量。

　　② DTL 型日期时间变量中的"WEEKDAY"变量表示星期值，规定数值 1 对应星期天，2 对应星期一，依次顺序，数值 7 对应星期六。图中用两个"符号 I/O 域"画面对象对应显示一、二…天等。

　　"符号 I/O 域"的组态如图 7-7-13 所示。

　　a. 在 HMI 项目树中双击打开"文本和图形列表"。

　　b. 在打开的"文本列表"选项卡中，添加图示的名称为"Text_list_1"的文本列表项。

　　c. 对应选择的"Text_list_1"的文本列表项，在下面的"文本列表条目"表格栏中输入添加图示的内容。

　　d. 画面上添加"符号 I/O 域"，并用鼠标选择符号域。

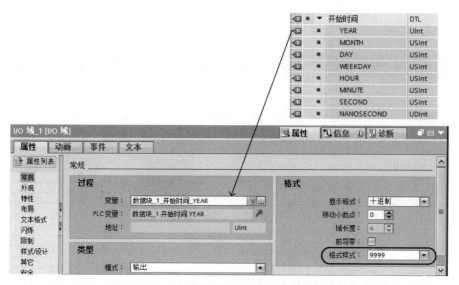

图 7-7-12 "年份""I/O 域"的常规属性设置

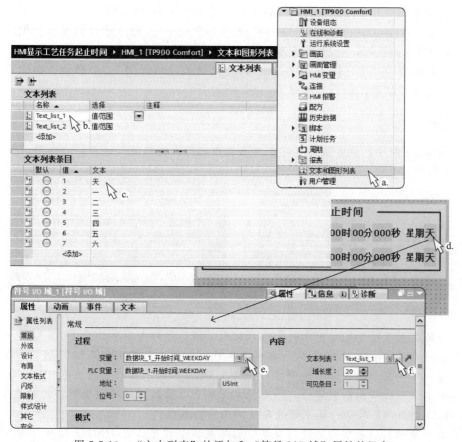

图 7-7-13 "文本列表"的添加和"符号 I/O 域"属性的组态

　　e. 在属性巡视窗格，为其设置过程变量，两个符号 I/O 域的过程变量分别对应选择"数据块 _ 1 _ 开始时间 _ WEEKDAY"和"数据块 _ 1 _ 结束时间 _ WEEKDAY"。

　　f. 接着在"常规"→"内容"→"文本列表"选项格中选择前述的"Text _ list _ 1"文

本列表项，两个符号I/O域都使用该文本列表项，实现数值到文本的转换显示。

③ 图7-7-11中的"工艺任务起止按钮"的"事件"的组态如图7-7-14所示。

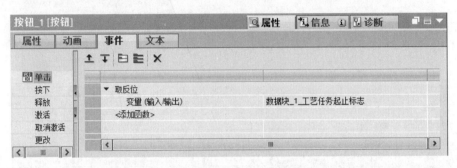

图 7-7-14　按钮"事件"的组态

步骤六

PLC、HMI集成项目的仿真测试　做好PLC项目和HMI项目的编译保存操作，编译无错误方可仿真。

通过图标工具栏上"开始仿真"按钮工具，先选择打开仿真PLC，下载所编的PLC程序，运行（RUN）PLC，可以通过"在线"操作，监视PLC程序运行情况和数据块变量变化。后选择HMI的画面，开启HMI画面仿真。

点击仿真画面中"工艺任务起止按钮"，仿真画面显示如图7-7-2所示。再次单击该按钮，表示控制任务结束，画面显示如图7-7-3所示。

拓展练习

1.如图7-8-1所示，试着做一下可否在画面中用钟表图形显示地区标准时间。

图 7-8-1　习题1附图

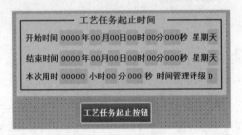

图 7-8-2　习题4附图

2.欧美地区大多执行夏时制冬时制作息时间，例如纽约在每年3月11日至11月7日实行夏时制，晚北京标准时间12小时，其余为冬时制，晚北京标准时间13小时。以第三节内容为例思考一下在显示地区标准时间时，如何在HMI画面中自动实现夏冬时制的转换。

3.按照本章第五节的示例方法，PLC选用S7-1500系列（对功能指令、数据类型的支持最强），HMI选用精智屏试一试系统日期时间同步的操作。

4.在第七节示例的基础上，使用日期时间相关指令程序，在HMI上增加计算显示总用时数据等。如图7-8-2所示。

第八章
PLC和触摸屏的数据记录

第一节　数据记录概述

一、概述

工艺信息数据自动记录是工厂设备生产过程控制中经常使用的一个功能，即对过程信息进行准确自动收集。无论是对电气或仪表自动化设备系统的监控和改进，还是试验 新产品、新工艺或对工艺生产过程产量、质量的优化改善等方面，过程控制量的自动化记录都非常实用。通常 PLC 和触摸屏设备都有可以编程和组态的数据记录功能。

在工厂设备生产过程控制系统中，特别是一些相对控制驱动能力惯性较大的被控制量，常使用设定值、期望值和实际值等几个概念来说明或评估控制过程各个数据量之间的关系。本节就以温度过程控制为例说明这几个概念。同样也适于压力、浓度、流量、体积、速率等控制量的运用，乃至更高层次地反映综合效益（或效率）的指标量的控制运用。

如图 8-1-1 所示为触摸屏工艺监控画面，画面中的混合反应罐的 I/O 域显示当前罐中的温度（和压力）的实际值和当时控制系统的设定值和期望值。图 8-1-2 给出了这三个变量的关系曲线，图中工艺要求在生产开始后 180min 内反应罐中的温度由室温升到设定值 85℃（图中 B 点），希望反应罐中的物料温度按照图中粗实线（期望值曲线）所示的温度值逐渐升温。但实际工况下，实际的温度控制走向是沿着虚线所示的轨迹变化的。如在系统运行 135min 时，期望此时罐中温度为 70℃（图中 N 点），但实际罐中的温度为 76℃（图中 M 点），而此时的温控系统的设定值为 85℃。设定值是赋予温度控制系统的给定值，温控系统根据设定值给罐中物料加热，由于物料升温有一定的惯性（吸收热量有一个过渡过程，不可能瞬间达到设定的温度），物料开始按照期望的方向升温。设定值是根据工艺技术人员的要求事先编排好的工艺数据。期望值是为获得想要的生产加工效果，从工艺人员的专业角度根据设定值规划或计算得出的预期值。由于温度控制的惯性过程以及加热（或去热降温）能力、物料质量大小、保温措施及环境条件、传递热量的方式和效果等因素，实际值不一定与期望值完全一致。实际值是通过测温传感器（有些附带标准信号变换器）得到的，通过本章节所述的 PLC 或触摸屏所具有的数据记录功能，将传感器测量得到工艺生产过程中各个时

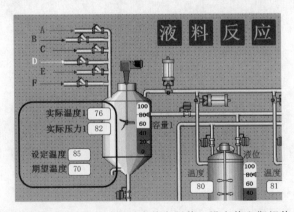

图 8-1-1　画面显示过程量当前实际值、设定值和期望值

点的温度实际值记录下来，从而得到图 8-1-2 中的虚线所示的实际值曲线，对比设定值和期望值的数据，供工艺技术人员综合分析工艺操作的实际效果或设备自动控温系统，制订优化改善措施。

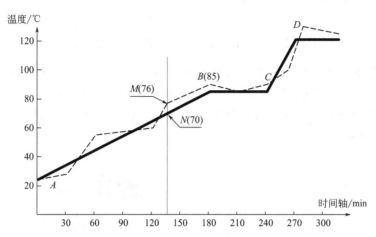

图 8-1-2　设定值（期望值）的曲线图和实际值的数据记录曲线

工厂的产量、质量，生产的效率或者创新产品与图 8-1-2 中的期望值曲线密切相关，生产管理人员（如工艺、自动化、质量、IE 工程师等）总是在不断摸索寻找最佳生产工艺路线以获得优质高产、高效低成本的产品或试验新产品、研究新工艺。在工厂生产条件下，通过在实验室或打样生产（小批量采样性质，做出前期标准），初步得到工艺设定值参数和工艺期望值曲线，然后放到生产设备上批量生产，进一步修订批量生产的工艺。无论是打样生产，还是批量生产，PLC 和触摸屏数据自动记录功能是探索高效率工艺路线的非常有用的工具，通过自动记录被控制量的实际值，形成数据历史记录，编制和分析实际值数据曲线，为探索最佳工艺路线或者精确跟随期望值曲线提供技术支持。

除了优化探索生产工艺，数据记录在自动化电气控制系统中或者系统中的电参数优化方面也有很多应用。例如在优化用能、用电等方面。

在石化、医药、冶金、化学等工业行业，有些生产工艺过程时间长、用电量大。一套生产线的大小电动机等用电器件可有几台或几十台，生产过程中某个时点的用电功率（或用电量）不是各电动机铭牌上的电动机功率的代数和（因为生产过程中，某个时点有的电动机在运转，有的处于停止状态；有时负载大，有时负载小），通过数据记录可以获得在一个生产工艺过程中，机器整套设备的总用电功率曲线或者用电量曲线，总结和掌握工艺生产过程的各个阶段（例如以 30min 为一个时间段）机器设备的实时用电功率和电量消耗情况。结合工艺数据记录和产品的质量、数量的数据进行综合分析总结，从而找到兼顾工厂的电功率平衡、峰谷用电、电能节约、优质高产的管理措施，并制订每个产品的合理的单位能耗指标。

二、数据记录的获取和输出

数据记录一般有表 8-1-1 所示的内容。

表 8-1-1　一般数据记录的格式

序号	日期时间	设定温度	实际温度	设定压力	实际压力
10	2019.8.7.8:15	180	120	80	73
11	2019.8.7.8:30	180	122	80	75.2
12	2019.8.7.8:45	220	130	90	83.5
13	2019.8.7.9:00	220	140	90	87.5

表中的数据通常由传感器（如温度传感器、压力传感器）等器件获得。图 8-1-3 和图 8-1-4 分别为 S7-300 PLC 和 S7-1500 PLC 检测温度模拟量的输入通道原理图。将所检测的物理量转换成标准的电压、电流信号，然后由 PLC 的 AI 和 CPU 模块接收并数字化成为表 8-1-1 中的记录数据。

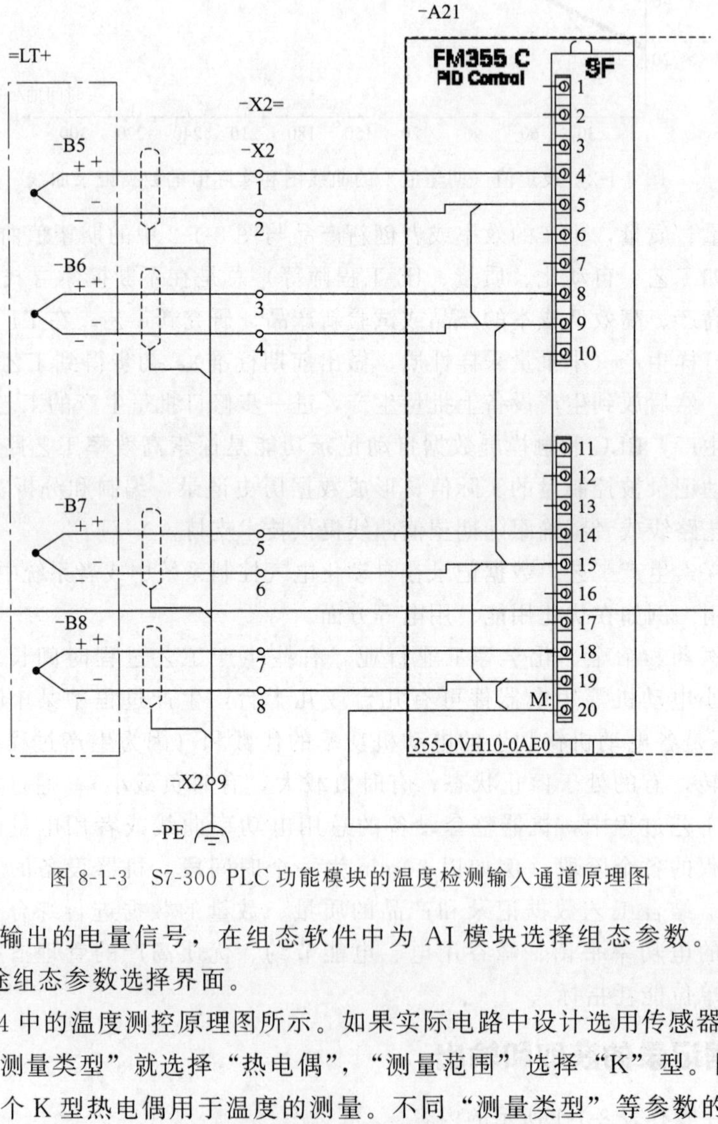

图 8-1-3　S7-300 PLC 功能模块的温度检测输入通道原理图

根据传感器输出的电量信号，在组态软件中为 AI 模块选择组态参数。图 8-1-5 为 S7-1500 PLC 的博途组态参数选择界面。

例如图 8-1-4 中的温度测控原理图所示。如果实际电路中设计选用传感器为 K 型热电偶时，在博途中"测量类型"就选择"热电偶"，"测量范围"选择"K"型。图中的 3、4 端口就可以接入一个 K 型热电偶用于温度的测量。不同"测量类型"等参数的选择组态，各个模块硬件输入端口的作用会不同，具体详见器件模块参数说明。

图 8-1-4 所示的 SM 531 是一个四路模拟量输入的 AI 模块，在测量温度时，端口 37、

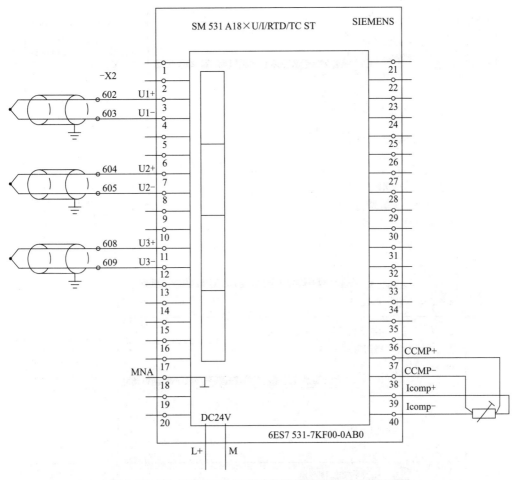

图 8-1-4　S7-1500 PLC AI 模块的温度检测输入通道原理图

38、39、40 用来接入外部补偿电阻，补偿电阻是一般热电偶/热电阻类温度传感器所要求的。通常 PLC 系统设计时都会预留若干备用通道，预留的备用通道组态为"已禁用"以保护模块端口。如果增加数据记录采集的功能，可以在原有控制电路基础上开通备用通道。在原电路和程序基础上使用备用通道可以按照图 8-1-4 和图 8-1-5 所示接线和参数组态下载到模块中。需要采集的数据量多时，可以选择添加 AI 模块。

　　以上是数据记录获取的硬件及组态部分，有关数据记录的 PLC/HMI 程序编制等在下面章节介绍。

　　PLC 或 HMI 的数据记录可以通过 HMI 设备的画面输出显示，还可以输出为可以被 Excel 或 Access 读取和处理的文件格式，还可输出为网页文件由浏览器阅读处理。

　　在工厂现场条件下，一个比较直观基础的数据记录输出方式就是在 HMI 设备上组态记录数据显示画面，方便现场操作人员的实时查询。图 8-1-6 为触摸屏显示数据记录的画面。

　　现场操作人员可以在现场根据工艺控制数据的取样要求设定记录周期，画面上为方便阅读显示当前正在记录的行数，点击画面中的"记录开关"开始采样数据记录，再单击则关闭记录功能。

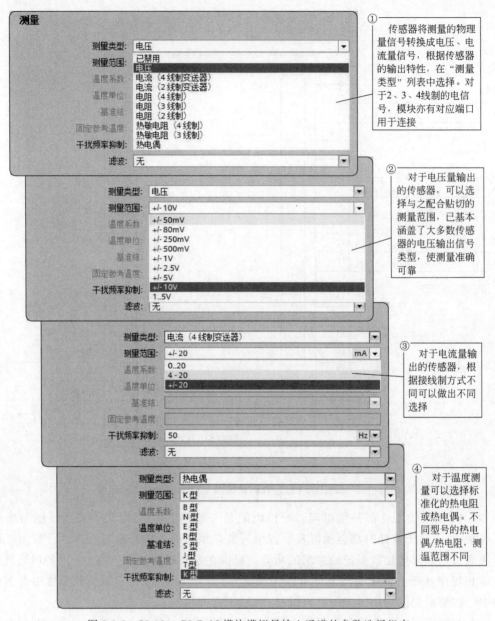

图 8-1-5　S7-1500 PLC AI 模块模拟量输入通道的参数选择组态

　　也可在 HMI 设备组态时，使用博途软件中 HMI 项目下的"历史数据"编辑器组态数据记录，并将记录文件存放到 U 盘等存储器中，供线下阅读处理。图 8-1-7 表示触摸屏 USB 端口的存储器在记录数据。也可使用"趋势视图"控件显示数据记录。有关触摸屏设备的"历史数据"记录和"趋势视图"的基本用法详见《触摸屏应用技术从入门到精通》的相关内容，本书不再赘述。

三、数据记录的准确性

　　采集得到的数据是否准确有效与以下因素有关。

　　① 传感器的性能参数及品质指标，如传感器的量程（物理量的测量范围）、精度（物理

记录号	日期/时间	设定温度	实时温度	设定压力	实时压力
1	1970/1/1 0:00:00	+0	+0	+0	+0
2	2019/10/16 9:49:57	+80	+40	+60	+30
3	2019/10/16 9:59:57	+80	+46	+60	+32
4	2019/10/16 10:09:57	+80	+52	+60	+33
5	2019/10/16 10:19:56	+80	+55	+60	+34
6	2019/10/16 10:29:56	+80	+56	+60	+40
7	2019/10/16 10:39:56	+80	+59	+60	+47
8	2019/10/16 10:49:56	+80	+61	+60	+52
9	2019/10/16 10:59:56	+80	+66	+60	+56
10	2019/10/16 11:09:56	+80	+72	+60	+57
11	2019/10/16 11:19:56	+80	+79	+60	+58
12	2019/10/16 11:29:56	+80	+79	+60	+58
13	2019/10/16 11:39:56	+80	+79	+60	+58
14	2019/10/16 11:49:56	+80	+79	+60	+58
15	2019/10/16 11:59:56	80	+79	+60	+58
16	2019/10/16 12:00:05	+80	+79	+60	+58

实时记录

记录周期(分钟)
10

当前记录行数
16

记录开关

返回主画面

图 8-1-6　触摸屏显示工艺控制数据记录

图 8-1-7　触摸屏 USB 端口输出数据记录

量测量的分辨程度，如可测量温度±3℃的变化，还是±0.1℃的变化）、温度系数、迟滞性（惯性时间常数）等。传感器的测量范围覆盖现场所监控的物理量的工作变化范围。结合对记录数据准确性的要求选择传感器的测量精度指标，通常传感器测量精度要高于现场物理量一个数量级。

②　传感器的附属元器件选择。

③　测量方法和测量通道技术措施。

④　测量条件（测量环境、电源精度、抗电磁干扰的性能等）。

⑤　传感器安装取样位置。

实际现场操作时，可以对照上述检查工况，修正数据的准确性。

第二节　PLC 基本指令实现数据记录

本节介绍用 PLC 基本指令实现数据记录功能。如图 8-1-6 所示的触摸屏画面在现场即时显示数据记录，PLC 基本指令编辑的数据记录，功能结构开放、记录数据方便读取和处理。通过本节触摸屏＋PLC 集成应用实例，进一步学习使用自定义的"PLC 数据类型"的用法，学习 PLC 程序块结构及 FC 函数（功能）、FB 函数块（功能块）、DB 数据块、OB 组织块的基本用法。

一、使用"PLC 数据类型"组建数据记录

第三章第一节介绍了 S7-300/400 和 S7-1200/1500 等型号 PLC 所支持的数据类型。不同的数据类型的数据表达的信息不同，含有的信息容量也不同，PLC 基本数据类型占用存储字节少，自然能够表达的信息有限。当需要许多相同数据结构且包括较多信息的数据，在程序数据处理时需要多次以"信息块或信息包"的形式调用时，可以使用"PLC 数据类型"。用户可以根据自己数据信息处理的需要，将各种基本数据类型的数据信息组编成数据信息组合（块），自定义一个 PLC 数据类型，这样方便用户以数据类型模板的形式快捷派生出许多具有更丰富信息的数据（块）。

对于 S7-1200/1500 系列 CPU，可最多创建 65534 个 PLC 数据类型。其中每个 PLC 数据类型可最多包括 252 个元素。

下面用一个示例说明"PLC 数据类型"的用法。

表 8-1-1 中的每一条数据记录由五个数据组成（当数据信息更多时，更能显示使用 PLC 数据类型的意义），数据类型分别为 DTL、Int（工艺控制精度±1 个单位即满足要求，所以选用整数数据类型）。成百上千的数据记录具有相同的数据结构。

创建步骤如图 8-2-1 所示。

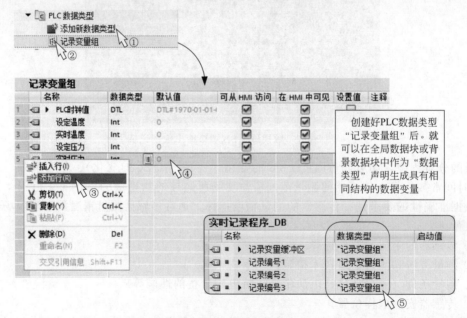

图 8-2-1　创建"PLC 数据类型"

① 双击 PLC 项目树中"PLC 数据类型"编辑器下的"添加新数据类型"工具图标。组态软件系统自动生成一个数据类型模板，将之重命名为"记录变量组"。

② 双击"记录变量组"，在组态软件编辑工作窗格显示"记录变量组"空白 PLC 数据类型模板。

③、④ 如图所示添加自己需要的数据元素。

⑤ 创建好自定义的 PLC 数据类型后，在随后声明变量时，可以在变量的"数据类型"属性列中直接应用该数据类型。

二、PLC 基本指令编制数据记录程序

1. 本节实例程序结构

先来看看图 8-2-2 的程序块结构，FC2 函数用来生成每条记录的时间点数据。FB1 函数块产生分脉冲信号，图 8-1-6 中的"记录周期"由用户设定，分脉冲数到达"记录周期"值时，将当时工艺参数保存到背景数据块中，由 FB2 函数块执行实时记录。DB6 是 FB1 的背景数据块，DB7 是 FB2 的背景数据块。实例程序中需要用到的其他数据变量在 DB4（全局数据块）中声明定义。

然后，在 OB1 组织块中调用 FC2、FB1、FB2 等。

2. 全局数据块 ［DB4］ 的编辑

创建图 8-2-3 所示的全局数据块。在触摸屏画面上点击"记录开关"时，"计时开始"变量为 1，再点击则复位。"分脉冲"变量保存 FB1 产生的分脉冲信号。"设定温度"等 4 个 Int 变量保存当前的工艺设定值和来自 AI 硬件模块处理的传感器输入信号值。"PLC 时钟值"DTL 型变量保存 FC1 读取的 PLC 时钟值。"记录周期"保存用户在触摸屏画面中设定的记录周期值。当前正在处理的记录显示在画面中的第 X 行，这个 X 值保存在"记录行数"变量中，并显示在画面的 I/O 域中，方便识读当前记录。

图 8-2-2　本节实例 PLC 程序块结构

全局数据块					
名称	数据类型	启动值	保持性	可从 HMI …	在 HMI …
▼ Static					
■ 计时开始	Bool	false	☐	☑	☑
■ 分脉冲	Bool	false	☐	☑	☑
■ 设定温度	Int	0	☐	☑	☑
■ 实时温度	Int	0	☐	☑	☑
■ 设定压力	Int	0	☐	☑	☑
■ 实时压力	Int	0	☐	☑	☑
▼ PLC时钟值	DTL	DTL#1970-01-01	☐	☑	☑
■ YEAR	UInt	1970	☐	☑	☑
■ MONTH	USInt	1	☐	☑	☑
■ DAY	USInt	1	☐	☑	☑
■ WEEKDAY	USInt	5	☐	☑	☑
■ HOUR	USInt	0	☐	☑	☑
■ MINUTE	USInt	0	☐	☑	☑
■ SECOND	USInt	0	☐	☑	☑
■ NANOSEC…	UDInt	0	☐	☑	☑
■ RET_VAL1	Int	0	☐	☑	☑
■ 记录周期	USInt	0	☐	☑	☑
■ 记录行数	USInt	0	☐	☑	☑

图 8-2-3　创建 DB4 全局数据块

3. PLC 时钟读取 [FC2] 函数的编辑

如图 8-2-4 所示，详见第七章介绍。

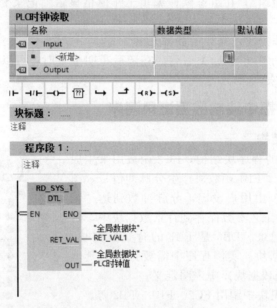

图 8-2-4   PLC 时钟读取

4. 分脉冲发生器 [FB1] 函数块的编辑

如图 8-2-5 所示，在函数块 FB1 的局部变量声明表中，定义一个 Input 参数变量"启动分脉冲发生器"，接收触摸屏给出的"记录开始"信号，从定义的 Output 参数变量"♯分脉冲输出"端每分钟输出一个高电平宽度为 4s 的脉冲，如图 8-2-7 所示。

		名称	数据类型	默认值	保持性	可从 HMI …	在 HMI …
分脉冲发生器							
1	◁▼	Input				☐	☐
2	◁ ■	启动分脉冲发生器	Bool	false	非保持	☑	☑
3	◁▼	Output				☐	☐
4	◁ ■	分脉冲输出	Bool	false	非保持	☑	☑
5	◁▼	InOut				☐	☐
6	■	<新增>					
7	◁▼	Static				☐	☐
8	◁	分脉冲复位	Bool	false	非保持	☐	☐
9	◁	58s结束	Bool	false	非保持	☐	☐
10	◁ ▶	IEC_Timer_0_Instance	IEC_TIMER		非保持	☑	☑
11	◁ ▶	IEC_Timer_0_Instance_1	IEC_TIMER		非保持	☑	☑
12	◁ ▶	IEC_Timer_0_Instance_2	IEC_TIMER		非保持	☑	☑
13	◁▼	Temp				☐	☐
14	■	<新增>					
15	◁▼	Constant				☐	☐

图 8-2-5   FB1 函数块的变量声明表

图 8-2-6 的程序段中运用了两种 3 个 IEC 定时器。即 TON（接通延时）定时器和 TP（生成脉冲）定时器。IEC 定时器是国际电工委员会制定的标准 PLC 定时器，被各种 PLC 广泛采用。西门子 PLC 传统的定时器也称为 S5 定时器，之前在 S7-300/400 PLC 程序中广泛使用，比较而言，IEC 定时器使用起来更方便简捷，逐渐成为标准并推广。初学者可以通过本节实例学习 IEC 定时器的用法。

无论是传统的 S5 定时器，还是 IEC 定时器，在使用时都会自带许多参数变量。例如

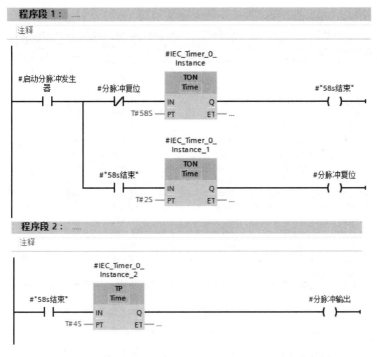

图 8-2-6　FB1 函数块的程序段

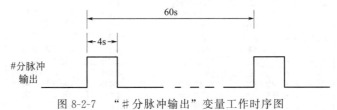

图 8-2-7　"#分脉冲输出"变量工作时序图

TON（IEC_Timer）接通延时定时器，围绕该定时器的变量参数有 IN（启动信号，Bool 型数据）、PT（设定接通延时的持续时间，Time 或 LTime 型）、ET（定时器当前值，Time 或 LTime 型）、Q（PT 结束，置位输出信号，Bool 型）等。在新型 S7-1200/1500 PLC 中，PLC 操作系统将这些定时器数据整合成一个有固定数据结构的"系统数据类型"数据块，类似于前面介绍的"PLC 数据类型"，方便 PLC 操作系统和用户程序的高效应用。只是这个数据类型是 PLC 系统定义的，不是自定义的，用户只管使用其中的元素数据即可。

在 PLC 程序中调用 IEC 定时器时，系统会弹出一个对话框，要求用户将系统生成的 IEC 定时器的数据块（以系统定义的数据类型形式，如 IEC_TIMER、IEC_LTIMER 或 TON_TIME、TON_LTIME 数据类型的结构）是以单个背景数据块、还是多重背景数据块的形式保存和调用数据元素。本节示例是以多重背景数据块的形式，将示例中几个 IEC 定时器的数据以系统数据类型的要求保存在 FB1 的背景数据块中，见图 8-2-5 的"Static"变量部分，编译程序后，打开 FB1 背景数据块［DB6］也可以看到内嵌的 IEC 定时器数据块。

5. 实时记录程序［FB2］函数块的编辑

图 8-2-8 和图 8-2-9 为定义的实时记录程序［FB2］函数块中需要用到的局部变量。

实时记录程序

		名称			数据类型	默认值	保持性	可从 HMI ...	在 HMI ...
1	🔵	▼	Input					☐	☐
2	🔵	■	开始记录		Bool	🔲 false	非... ▼	☑	☑
3	🔵	■	分脉冲		Bool	false	非保持	☑	☑
4	🔵	■	记录周期		USInt	0	非保持	☑	☑
5	🔵	■	▼	PLC时钟值	DTL	DTL#197	非保持	☑	☑
6	🔵		■	YEAR	UInt	1970	非保持	☑	☑
7	🔵		■	MONTH	USInt	1	非保持	☑	☑
8	🔵		■	DAY	USInt	1	非保持	☑	☑
9	🔵		■	WEEKDAY	USInt	5	非保持	☑	☑
10	🔵		■	HOUR	USInt	0	非保持	☑	☑
11	🔵		■	MINUTE	USInt	0	非保持	☑	☑
12	🔵		■	SECOND	USInt	0	非保持	☑	☑
13	🔵		■	NANOSECOND	UDInt	0	非保持	☑	☑
14	🔵	■	设定温度		Int	0	非保持	☑	☑
15	🔵	■	实时温度		Int	0	非保持	☑	☑
16	🔵	■	设定压力		Int	0	非保持	☑	☑
17	🔵	■	实时压力		Int	0	非保持	☑	☑
18	🔵	▼	Output					☐	☐
19	🔵	■	当前记录行数		USInt	0	非保持	☑	☑

图 8-2-8　实时记录程序局部变量定义部分（一）

实时记录程序

		名称			数据类型	默认值	保持性	可从 HMI ...	在 HMI ...
22	🔵	▼	Static						
23	🔵	■	▶	记录变量缓冲区	"记录变量组"		非保持		
24	🔵	■	▼	记录编号1	"记录变量组"		非保持		
25	🔵		■	▶ PLC时钟值	DTL	DTL#197	非保持		
26	🔵		■	设定温度	Int	0	非保持		
27	🔵		■	实时温度	Int	0	非保持		
28	🔵		■	设定压力	Int	0	非保持		
29	🔵		■	实时压力	Int	0	非保持		
30	🔵	■	▶	记录编号2	"记录变量组"		非保持	☑	☑
31	🔵	■	▶	记录编号3	"记录变量组"		非保持	☑	☑
32	🔵	■	▶	记录编号4	"记录变量组"		非保持	☑	☑
33	🔵	■	▶	记录编号5	"记录变量组"		非保持	☑	☑
34	🔵	■	▶	记录编号6	"记录变量组"		非保持	☑	☑
35	🔵	■	▶	记录编号7	"记录变量组"		非保持	☑	☑
36	🔵	■	▶	记录编号8	"记录变量组"		非保持	☑	☑
37	🔵	■	▶	记录编号9	"记录变量组"		非保持	☑	☑
38	🔵	■	▶	记录编号10	"记录变量组"		非保持	☑	☑
39	🔵	■	▶	记录编号11	"记录变量组"		非保持	☑	☑
40	🔵	■	▶	记录编号12	"记录变量组"		非保持	☑	☑
41	🔵	■	▶	记录编号13	"记录变量组"		非保持	☑	☑
42	🔵	■	▶	记录编号14	"记录变量组"		非保持	☑	☑
43	🔵	■	▶	记录编号15	"记录变量组"		非保持	☑	☑
44	🔵	■	▶	记录编号16	"记录变量组"		非保持	☑	☑
45	🔵	■	▶	IEC_Counter_0_Ins...	IEC_USCOUNT...		保持	☑	☑
46	🔵	■	▶	IEC_Counter_0_Ins...	IEC_USCOUNT...		保持	☑	☑
47	🔵	■		分钟计数值	USInt	0	非保持	☑	☑
48	🔵	■		大于等于记录周...	Bool	false	非保持	☑	☑
49	🔵	■		16行记录满标志	Bool	false	非保持	☑	☑
50	🔵	■		记录行数	USInt	0	非保持	☑	☑
51	🔵	■		当前记录行数0	USInt	0	非保持	☑	☑

① 这17个局部变量的数据类型都是之前创建的自定义"PLC数据类型"，展开可以看到其结构

② IEC计数器，其相关参数的保存和调用方法类似于前述的IEC定时器

图 8-2-9　实时记录程序局部变量定义部分（二）

图 8-2-10～图 8-2-15 为［FB2］函数块的程序段。

程序段 1：

在每个程序扫描周期，在"开始记录"后，将各个记录变量的值从全局数据块［DB4］

中转存到［FB2］函数块的背景数据块中的缓存单元（自定义的 PLC 数据类型）。

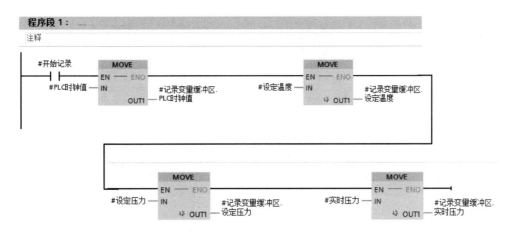

图 8-2-10　实时记录程序段 1

程序段 2：

用 IEC 计数器为分脉冲计数，到达触摸屏画面上设定的记录周期值时，置位"♯大于等于记录周期标志"变量。

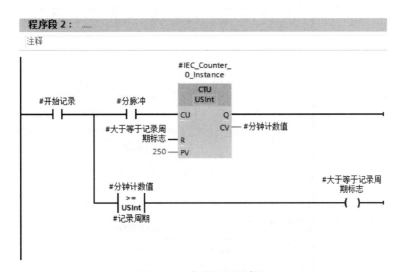

图 8-2-11　实时记录程序段 2

程序段 3：

本示例最多可以记录显示 16 行的记录值，记录条数超过 16 行时，则覆盖以前的记录数据，从第一行再来，循环覆盖旧数据。即触摸屏可显示此刻之前的 16 行"历史记录数据"，如果需要，可增添页面，拓展程序，记录更多的历史数据。

程序段中用 IEC 加计数器计数行数，并将"♯当前记录行数"输出显示在触摸屏画面上。

程序段 4：

根据 IEC 计数器的记录行数值，对应将记录变量缓冲区的记录值保存到静态变量区，供程序调用显示。

可以拓展程序，记录显示更多的记录数据。

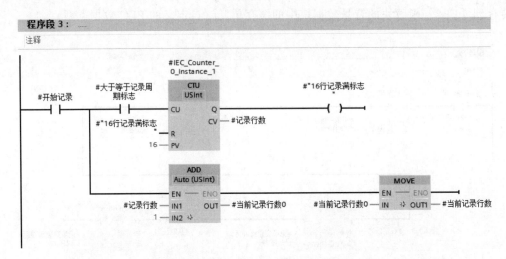

图 8-2-12　实时记录程序段 3

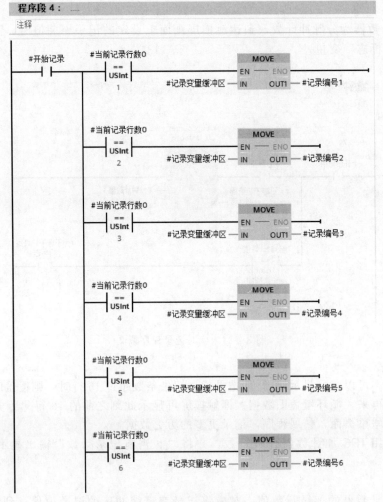

图 8-2-13　实时记录程序段 4（一）

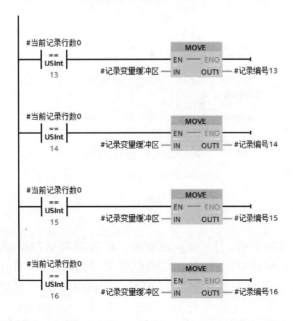

图 8-2-14　实时记录程序段 4（二）

图 8-2-15　实时记录程序段 4（三）

6. 组织块 ［OB1］ 的编辑

PLC 在上电启动运行后，循环扫描执行组织块 ［OB1］ 中调用的程序块。

图 8-2-16 为主程序 ［OB1］ 组织块的程序，主要是调用前面分别编制的程序块，并为每个程序块分配数据存储区（背景数据块）和必要的输入/输出参数变量。

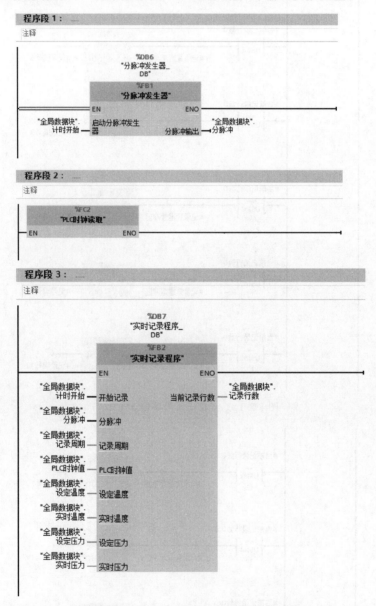

图 8-2-16 组织块 ［OB1］ 主程序的程序段

程序段 1：

调用"分脉冲发生器"［FB1］函数块，配置其背景数据块为 ［DB6］。块输入参数为"'全局数据块'.计时开始"，这是在之前创建全局数据块 ［DB4］ 时，在其中规划预设的变量；块输出参数为"'全局数据块'.分脉冲"，其值也保存在 ［DB4］ 中。

程序段 2：

调用"PLC 时钟读取"［FC2］函数，指令读取 PLC 时钟值，也保存在全局数据块

［DB4］中，所以都保存为全局变量，是因为这些变量会被其他的程序块多次应用，包括本示例程序嵌入到更大应用程序时的其他程序块的应用。

程序段 3：

调用"实时记录程序"［FB2］函数块，该函数块有较多的输入参数，全部是来自全局数据块［DB4］的变量数据。［DB4］存放硬件测量模块处理的数据和触摸屏给出的变量数据，此处［FB2］函数块应用这些变量数据作为输入参数。经［FB2］函数块处理后生成一个数据（生成一个新信息）"记录行数"作为输出参数。

程序及变量编制完毕后编译、修正、勘误、保存。

三、HMI 数据记录画面的组态

下面打开项目树窗格中 HMI 项目的"画面"编辑器，编辑组态图 8-1-6 所示的现场"实时记录画面"。该画面组态了较多的"I/O 域"画面对象，逐一排列调整、编辑过程参数比较费时。画面编辑工作窗格中，软件提供了一些工具可以高效编辑组态画面对象，使之外观一致、间隔均匀、排列整齐、风格协调。

具体操作详见图 8-2-14 所示。

框选对象组后，单击键盘上的四个方向键，可以精细调节对象组的位置。

多个对象的对齐、间距工具调整等操作是在第一个和最后一个对象之间进行的，在框选前，调整确定好这两个对象的位置。

图 8-2-17 中的每个 I/O 域都要配置过程变量，这些过程变量是之前在 PLC 项目的

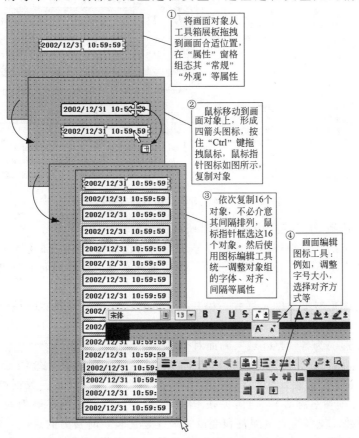

图 8-2-17　画面对象的高效编辑

171

[FB2] 函数块的背景数据块 [DB7] 中声明的 "PLC 数据类型" 的元素数据 "实时记录程序 _ DB _ 记录编号 X _ PLC 时钟值"，X 为 1～16 的数字。这些过程变量顺序对应配置在画面从上到下的 "I/O 域"。

逐一为每个画面对象配置过程变量的操作详见图 8-2-18 所示。

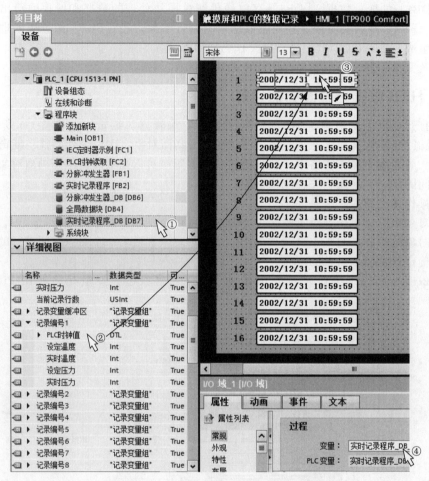

图 8-2-18　画面对象的高效配置过程变量

①鼠标单击选择 PLC 项目中过程变量所在的数据块 [DB7]。

②在项目树下的 "详细视图" 窗格中显示当前所选数据块的内部变量，鼠标选择其中需要的变量（"记录编号 1 _ PLC 时钟值"），按住鼠标左键拖动到画面上对应的 "I/O 域" 对象上（上方第一个 I/O 域）。

③鼠标指针图形变换成图示样式，松开鼠标即将该变量配置到 I/O 域中。

④在画面对象属性窗格可看到正确组态了过程变量参数。

以此类推，逐一为各 "I/O 域" 画面对象高效组态过程变量。

之所以说 "高效"，是因为早前自动化工程软件在为画面对象组态 PLC 变量时，通常操作是，先在 "HMI 变量表" 中编辑创建 HMI 外部变量（变量名、数据类型、连接名称、PLC 地址、PLC 变量名称等），通信关联 PLC 过程变量，然后再在画面对象过程变量输入域配置 HMI 变量。较多的变量配置和变量管理还是比较费时费力的。

通过鼠标拖拽操作，直接从 PLC 项目中应用过程变量，同时 HMI 项目下的 "HMI 变量表" 中软件系统会自动登录这些被引用的 PLC 项目的变量，并自动命名 HMI 变量名，自动生成 HMI 变量表。如图 8-2-19 所示。

默认变量表

	名称 ▲	数据类型	连接	PLC 名称	PLC 变量	地址
◄Ⅲ	全局数据块_分脉冲	Bool	HMI_连接_1	PLC_1	全局数据块.分脉冲	
◄Ⅲ	全局数据块_电功率	Real	HMI_连接_1	PLC_1	全局数据块.电功率	
◄Ⅲ	全局数据块_计时开始	Bool	HMI_连接_1	PLC_1	全局数据块.计时开始	
◄Ⅲ	全局数据块_记录周期	USInt	HMI_连接_1	PLC_1	全局数据块.记录周期	
◄Ⅲ	全局数据块_记录行数	USInt	HMI_连接_1	PLC_1	全局数据块.记录行数	
◄Ⅲ	实时记录程序_DB_记录编号1_PLC时钟值	DTL	HMI_连接_1	PLC_1	实时记录程序_DB.记录...	
◄Ⅲ	实时记录程序_DB_记录编号1_实时压力	Int	HMI_连接_1	PLC_1	实时记录程序_DB.记录...	
◄Ⅲ	实时记录程序_DB_记录编号1_实时温度	Int	HMI_连接_1	PLC_1	实时记录程序_DB.记录...	
◄Ⅲ	实时记录程序_DB_记录编号1_设定压力	Int	HMI_连接_1	PLC_1	实时记录程序_DB.记录...	
◄Ⅲ	实时记录程序_DB_记录编号1_设定温度	Int	HMI_连接_1	PLC_1	实时记录程序_DB.记录...	
◄Ⅲ	实时记录程序_DB_记录编号10_PLC时钟值	DTL	HMI_连接_1	PLC_1	实时记录程序_DB.记录...	
◄Ⅲ	实时记录程序_DB_记录编号10_实时压力	Int	HMI_连接_1	PLC_1	实时记录程序_DB.记录...	
◄Ⅲ	实时记录程序_DB_记录编号10_实时温度	Int	HMI_连接_1	PLC_1	实时记录程序_DB.记录...	
◄Ⅲ	实时记录程序_DB_记录编号10_设定压力	Int	HMI_连接_1	PLC_1	实时记录程序_DB.记录...	
◄Ⅲ	实时记录程序_DB_记录编号10_设定温度	Int	HMI_连接_1	PLC_1	实时记录程序_DB.记录...	
◄Ⅲ	实时记录程序_DB_记录编号11_PLC时钟值	DTL	HMI_连接_1	PLC_1	实时记录程序_DB.记录...	

图 8-2-19　HMI 变量表中的变量几乎全是自动生成

图 8-1-6 画面的其他对象组态如图 8-2-20 所示。

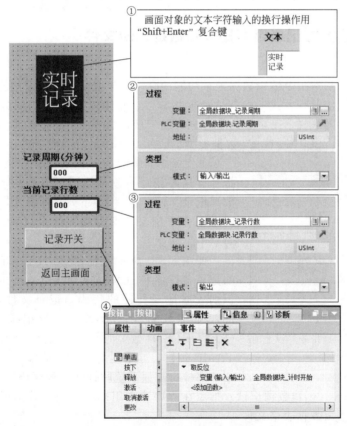

图 8-2-20　实时记录画面其他对象的组态

编译保存上述组态。仿真 HMI 项目的画面效果。

再通过 HMI 和 PLC 设备的集成仿真，查看数据记录功能的实现效果，满意后，分别以 HMI 项目和 PLC 项目下载到设备中连线集成运行。

四、数据记录功能嵌入 HMI + PLC 集成项目中

现场已在运行的 PLC＋HMI 集成工艺项目需要增加数据记录功能时，可以将本节所述程序块添加到项目程序中。具体做法如下。

PLC 项目部分：若需要增加过程量测量通道时，可以开通备用 AI 通道或者添加 AI 硬件模块，在"设备组态"编辑器的"设备视图"中组态添加 AI 模块，编译组态结果。

过程变量名、程序块、数据块名称若与原有程序有冲突，则重命名。在原程序的 OB1 等组织块中调用新添加的程序块。

HMI 项目部分：添加"数据记录画面"，按照前述内容组态画面对象和参数。

通过软件编辑窗格右侧的"库"选项板中的"项目库"和"全局库"功能，可以高效添加和改善项目程序。"库"功能的应用详见《触摸屏应用技术从入门到精通》中有关章节的介绍，不再赘述。

第三节　PLC 专有指令实现数据记录

一、 PLC 数据记录专有指令和数据记录文件

1. 概述

通过第二节用基本指令编辑数据记录功能的介绍，学习了数据记录功能及程序的一些基本要素、结构和工作运行方式。本节学习通过 S7-1200/1500 PLC 专门的数据记录指令实现数据记录，对初学者来说，第二节的学习也有助于理解这些专有指令的用法。同时结合指令功能编程实例学习认识"Variant"数据类型。

图 8-3-1　PLC"扩展指令"板上的数据记录指令

如图 8-3-1 所示为"扩展指令"展板上的数据记录指令。这些指令可创建生成图 8-3-2 所示的一个或多个数据记录文件，保存为 CSV 文件格式，数据记录文件由 PLC 操作系统自动保存在存储卡（MC）或内部装载存储器中。

如图 8-3-2 所示，记录文件有一定的格式和属性，如记录文件名称（NAME 参数）、ID 编号（ID 是 PLC 识别数据记录文件的代码，记录文件名称也可识别文件）、记录文件中记录条（一行记录变量值）的数量（RECORDS 参数）、是否添加日期时间戳（TIMES-TAMP 参数，如是则由系统自动添加，不需像第二节介绍的那样自建读系统时钟值的程序块）等。

DataLogCreate（创建数据记录）指令在程序块中用来创建一个数据记录文件，一个有一定格式要求的空白数据表格文件。

DataLogWrite（写入数据记录）指令用来在当前打开的 ID 编码值指定的记录文件中写入一条记录数据。什么时候写由程序逻辑决定，例如每隔 10min 写一次或某个事件发生后、某个任务完成后写入记录数据。写满数据（多于之前 RECORDS 参数定义的记录条数量）后，再写数据自动从头再来，覆盖之前的数据，循环记录。

DataLogClose（关闭数据记录）指令可用来在数据记录文件写满后关闭数据记录文件。ID 编号指定当前要关闭的数据记录文件。

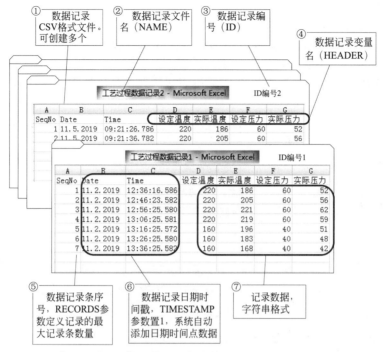

① 数据记录 CSV格式文件。可创建多个

② 数据记录文件名（NAME）

③ 数据记录编号（ID）

④ 数据记录变量名（HEADER）

⑤ 数据记录条序号，RECORDS参数定义记录的最大记录条数量

⑥ 数据记录日期时间戳，TIMESTAMP参数置1，系统自动添加日期时间点数据

⑦ 记录数据，字符串格式

图 8-3-2　通过数据记录指令可以创建许多 CSV 格式数据记录文件

DataLogNewFile（创建新的数据记录）指令用来创建新的数据记录文件，新文件与当前已经打开的 ID 编号指定（当前可能打开了多个记录文件）的某数据记录文件具有相同的记录变量结构。该指令的使用可以使当前记录的数据不至于覆盖之前的已记满的数据记录文件，而是记录在了新的文件中。当然在该指令使用时，要给新文件定义一个新文件名，指令执行完也会生成一个新文件的 ID 编号。

DataLogOpen（打开数据记录）指令用来打开已存在于存储区的关闭的数据记录文件。最多可同时打开 10 个数据记录。这也意味着只要程序逻辑没有冲突，可以实现 10 个数据记录文件的同时工作记录数据。

每个上述数据记录指令实际上相当于一个 FB 功能块（即先前 S7-300/400 PLC 中的系统 FB 块）。我们知道 FB 函数块都有背景数据块。因此使用这些数据记录指令，系统都会自动为其配置背景数据块，前面介绍过，这些指令的背景数据块可以单独保存，也可以保存在使用数据记录指令的 FB 函数的背景数据块中形成多重背景数据块。

注意：下面的示例皆将指令的背景数据块保存为多重背景数据块的形式，加深学习印象。

当使用 DataLogCreate（创建数据记录）指令创建数据记录文件时，指令有许多 I/O 端口（Input 输入参数、InOut 输入输出参数和 Output 输出参数），需要赋值（或变量）给这些文件的格式参数和属性值。

PLC 生成数据记录文件或写记录数据等指令执行可能会历时多个程序扫描运行周期，这种类型的指令通常会有输出端口（或输出端子、输出引脚）输出表明指令工作状态的代码信息。如 DONE 输出端（指令任务未完输出 0，完成 1）、BUSY 输出端（指令在工作中为 1）、ERROR 输出端（指令执行出错时为 1，是什么错误由 STATUS 输出端口输出的错误信息判断）、STATUS 输出端（输出错误或状态信息代码，16 位 Word 类型数据，如 8090 表示用户定义的文件名无效、80B4 表示存储卡受到写保护，无法写记录数据等）。

2. 指令应用

上述数据记录指令所必需的输入输出参数变量通常先定义在数据块和 PLC 变量表中，程序调用指令时，将数据块和变量表中的预定义参数变量用鼠标拖曳到指令对应引脚处即可。

如图 8-3-3 所示，在全局数据块和 PLC 变量表中预定义"数据记录名称"（NAME）等变量。

全局数据块_1

		名称	数据类型	启动值
1		▼ Static		
2		■ 数据记录名称	String	'工艺过程数据记录'
3		■ 数据记录编号	DInt	0
4		■ 记录变量名（列标）	String	'设定温度;实际温度;设定压力;实际压力'
5		■ ▼ 记录数据变量	Struct	
6		■ 设定温度	Int	
7		■ 实际温度	Int	
8		■ 设定压力	Int	
9		■ 实际压力	Int	
10		■ 数据记录条数	UDInt	
11		■ 有否时间戳标志	UInt	

默认变量表

		名称	数据类型	地址	保持	在 H...	可从 ...
1		DONE指令状态参数	Bool	%M10.1		☑	☑
2		BUSY指令状态参数	Bool	%M10.2		☑	☑
3		ERROR指令状态参数	Bool	%M10.3		☑	☑
4		REQ请求信号	Bool	%M10.0		☑	☑
5		STATUS指令状态数据	Word	%MW11		☑	☑

图 8-3-3　在数据块和 PLC 变量表中预定义数据记录指令所需的参数变量

注意：这些参数变量所要求的数据类型和是否需要启动值。

▼ PLC_2 [CPU 1513-1 PN]
　🗎 设备组态
　🗎 在线和诊断
　▼ 🗎 程序块
　　🗎 添加新块
　　🗎 Main [OB1]
　　🗎 数据记录功能 [FC1]
　　🗎 数据记录功能块 [FB1]
　　🗎 全局数据块_1 [DB1]

图 8-3-4　使用专有数据记录
指令的程序块

先来看已编辑组织好的程序块结构，如图 8-3-4 所示。

其中"数据记录功能［FC1］"执行创建数据记录文件和写记录前的数据准备工作；"数据记录功能块［FB1］"执行数据记录的创建、写数据记录和关闭数据记录文件等工作。"全局数据块_1［DB1］"已在前面准备好了。

"数据记录功能块［FB1］"的变量声明表如图 8-3-5 所示。

① 注意此处
"Variant"
数据类型的
设置

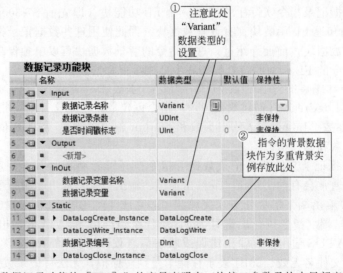

数据记录功能块

		名称	数据类型	默认值	保持性
1		▼ Input			
2		■ 数据记录名称	Variant		▼
3		■ 数据记录条数	UDInt	0	非保持
4		■ 是否时间戳标志	UInt	0	非保持
5		▼ Output			
6		■ <新增>			
7		▼ InOut			
8		■ 数据记录变量名称	Variant		
9		■ 数据记录变量	Variant		
10		▼ Static			
11		▶ DataLogCreate_Instance	DataLogCreate		
12		▶ DataLogWrite_Instance	DataLogWrite		
13		数据记录编号	DInt	0	非保持
14		▶ DataLogClose_Instance	DataLogClose		

② 指令的背景数据
块作为多重背景实
例存放此处

图 8-3-5　"数据记录功能块［FB1］"的变量声明表（块接口参数及块中局部变量的定义区）

① 现在结合应用实例从程序应用的角度介绍一下"Variant"数据类型的用法。

a."Variant"类型的数据其"数据类型"可以变化。"Variant"类型的数据可以是基本数据类型（例如，Int 或 Real）的数据，也可以是 String、DTL、Struct 类型的 Array、UDT、UDT 类型的 Array 等数据，也可称为"魔变数据类型"。这种魔变数据类型的应用给在 S7-1200/1500 PLC 中组织控制逻辑程序带来了极大的方便。

b."Variant"数据类型通常应用在 OB、FB、FC 程序块接口变量表中，作为 Input 输入参数变量、InOut 输入输出参数变量和 Temp 局部变量的"数据类型"供选用。在全局数据块和 PLC 变量表中定义变量的数据类型时，是不可（选项列表找不到）使用"Variant"数据类型的。

例如，控制逻辑程序需要在两处调用某一 FB 块，一处调用时 FB 的某一输入参数变量数据类型是 Int 型；而另一处调用 FB 时同一输入参数变量的数据类型是 Struct 型，这时 FB 内的接收的参数变量的数据类型就要使用"Variant"数据类型，否则因数据类型选用无法都匹配就会出错。选用"Variant"魔变数据类型，就能满足同一参数输入端参数变量数据类型是多变的，省却了大量数据类型转换等语句或梯形图的编写。

程序块（OB、FB、FC）中的"Temp"型局部变量也支持"Variant"数据类型，这方便了不同数据类型的变量在程序块内的处理。

c. 一些 S7-1200/1500 PLC 的扩展指令的输入/输出引脚参数变量都支持"Variant"数据类型，它们的实用意义同上述。例如，DataLogCreate（创建数据记录）指令的引脚参数 NAME（记录文件名称）、HEADER（记录变量名）、DATA（记录变量值）都是"Variant"数据类型。这样文件名（字符串或其他）长短变化（即占用字节长度不定）或给指令的记录变量可能是 Real 型，也可能是 Struct 型，指令都能识别和接收处理。

② 数据记录指令伴随的背景数据块保存在使用调用该指令的背景数据块中，形成多重背景数据块。这样做通常是因为围绕该指令的参数变量几乎都在调用块的块内运用，减少了程序来回传输变量的运行时间。

下面介绍"数据记录功能块［FB1］"的程序段，如图 8-3-6 所示。

程序段 1：

调用 DataLogCreate（创建数据记录）指令创建数据记录文件，条件是将 M10.0 位存储器单元置位，根据用户需要，可以在触摸屏画面上通过按钮单击等事件置位 M10.0，也可在程序块中编写代码：当某个控制任务结束后置位 M10.0。M10.4 保存 M10.0 之前的状态，当 M10.0 置位时和之前保存在 M10.4 中的状态（0）不一致，说明出现上升沿信号，则该"扫描操作数的信号上升沿"指令输出 1，启动创建数据记录文件的功能。

数据记录文件格式所需要的文件名、记录变量、记录数据来源等参数通过 FB1 参数局部变量传输，指令创建好文件后会通过 ID 引脚输出一个识别记录文件的编码。指令右侧输出指令工作状态的信息。如当指令完成创建文件的工作后，DONE 输出 1，M10.1 置位，表示可以写记录数据了，继而置位 M10.5，形成写指令的条件。

程序段 2：

调用 DataLogWrite（写入数据记录）指令向文件写入记录数据，由于当前打开的记录文件可能不止 1 个，指令要求指定文件 ID 编码。"写请求信号"可以是如第二节所述的按照一定的周期生成的脉冲信号，也可以是某事件或某中断信号。数据记录文件一旦写满了，会

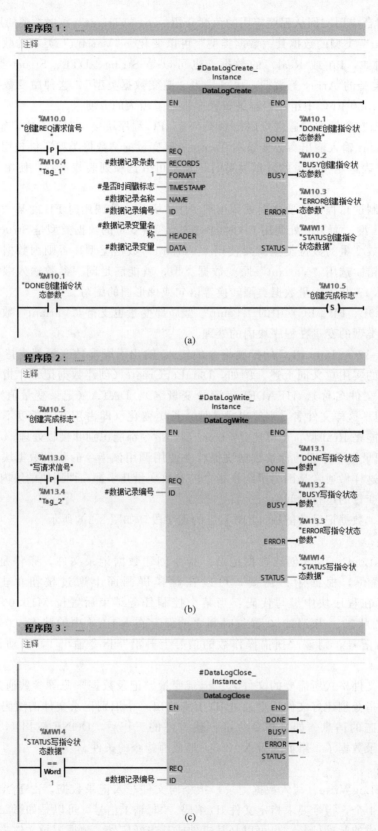

图 8-3-6　"数据记录功能块［FB1］"的程序段

在 "STATUS" 引脚输出 "0001" 的代码，要编制下一步如何做的程序。如到此为止，关闭保存当前记录文件；或应用 DataLogNewFile（创建新的数据记录）指令再创建一个结构相同的文件记录新的数据；或者不理会，记录工作继续进行，新产生的记录数据将从文件的起始位置开始循环往复写入数据，覆盖之前写入的数据。

程序段 3：

调用 DataLogClose（关闭数据记录）指令关闭记录文件。通过判断写指令的 "STATUS" 状态代码，如为 1 则关闭文件。当前打开的文件可能较多，要通过 ID 编码指定关闭哪个记录文件。

程序逻辑需要时，还可以通过 DataLogClear 指令删除现有数据记录中的所有数据记录，清空数据记录不是删除数据记录文件，删除数据记录文件用 DataLogDelete 指令。

二、数据记录的输出

专有数据记录指令创建的数据记录通常由以下方式输出：

① 存储卡输出，如图 8-3-7 所示。这通常在 PLC 没有连接工业以太网的情况下。在 CPU 上装有存储卡，数据记录完成关闭文件后，则可以移除该卡并将其插入电脑上的 SD 卡或 MMC 标准插槽中。可以通过浏览器或 Excel 打开和阅读 "\ DataLogs" 目录下用户命名的 CSV 记录文件。

注意：移除存储卡时，CPU 将切换为 STOP 模式。

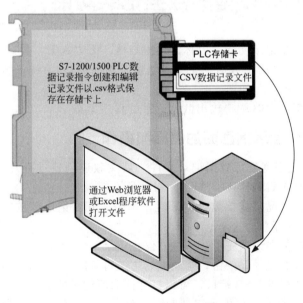

图 8-3-7 存储卡输出数据记录文件

② PROFINET 网络上的在线阅读。PLC CPU 设置开放 Web 服务器功能，则网络上的计算机使用 Web 浏览器通过 Web 服务器来访问 PLC 中的数据记录文件，如图 8-3-8 所示。执行此操作时，CPU 可处于 RUN 模式或 STOP 模式。

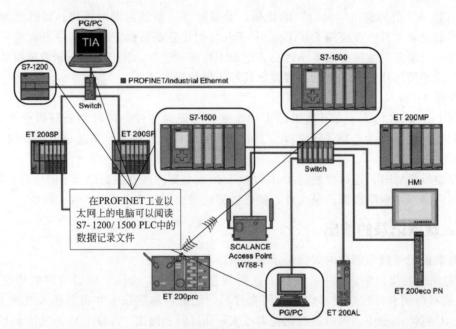

图 8-3-8　工业以太网网页方式读取数据记录文件

第四节　HMI 设备的数据记录功能

HMI 设备也有数据记录功能（也称为数据归档、历史数据、数据日志）。触摸屏设备的数据记录文件可以通过"历史数据"编辑器创建，通过 HMI 系统函数分步执行数据记录并输出到存储区，如 U 盘上，如图 8-1-7 所示。

本节介绍从触摸屏 USB 端口输出数据记录的程序组态。

一、输出到 U 盘示例画面的编辑和操作

① HMI 项目已组态创建了数据记录文件（后文叙述创建过程）。项目程序运行时，将 USB 存储器插到触摸屏 USB 接口，单击"打开所有记录"按钮。

② 根据工艺运行情况，需要数据记录时，单击"开始记录"按钮，画面上的标签开始闪烁，表示处于实时记录状态。

③ 当需要归档的数据记录完毕，单击"停止记录"，标签闪烁停止，表示记录停止。

④ 单击"关闭所有记录"按钮，画面上的边条对象闪烁停止，说明记录文件都被关闭。将 U 盘取下，插入计算机 USB 端口，可以打开读取所记录的文件。

⑤ 在 U 盘记录数据时，可停止记录工作，单击"清除记录"按钮，将当前记录中数据清除。再单击"开始记录"按钮开始记录。

⑥ 在 U 盘记录数据时，可以单击"记录变量"按钮，此时会在记录中临时增添一个或几个过程变量的即时值。

二、HMI"历史数据"编辑器创建数据记录文件

图 8-4-1 中的打开所有记录文件，这个（些）数据记录文件需先通过 HMI 项目的"历史数据"编辑器组态创建好，下面介绍创建过程。

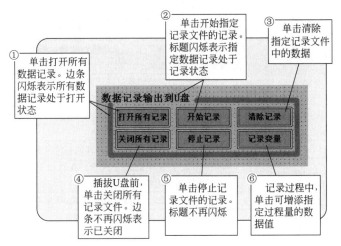

图 8-4-1　数据记录文件输出到 U 盘的画面操作

在 HMI 项目树中双击"历史数据"编辑器图标，打开"历史数据"组态工作窗格，点选"数据记录"选项卡，显示上下两个工作区窗格"数据记录"和"记录变量"，分别编辑组态如图 8-4-2 所示。

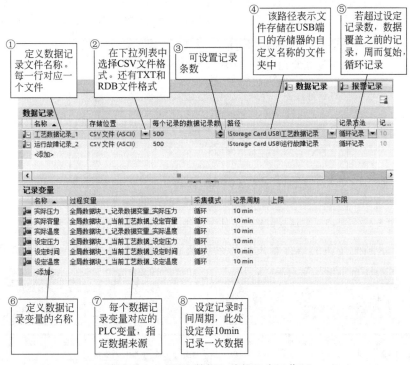

图 8-4-2　"历史数据"编辑组态工作区

三、HMI 数据记录的系统函数及编辑组态

图 8-4-1 中的每个按钮的"单击"事件都执行一个 HMI 的系统函数。系统函数类似于 PLC 中的 FC/FB，有些系统函数需要配置输入、输出参数。触摸屏设备的数据记录系统函数如表 8-4-1 所示。

表 8-4-1　有关数据记录的系统函数

系统函数英文名称	中文名称	用法说明
OpenAllLogs	打开所有记录	打开所有记录文件，以重新进行记录。恢复 WinCC 与日志文件或日志数据库之间的连接
CopyLog	复制记录	将所指定记录的内容复制到另一个记录中
CloseAllLogs	关闭所有记录	关闭所有记录，终止 WinCC 与日志文件或日志数据库之间的连接。例如，如果想在不退出运行系统软件的前提下启用 HMI 设备上存储介质的热插拔，则可以使用该系统函数
ArchiveLogFile	归档记录文件	此函数将日志移至或复制到其他存储位置以进行长期归档
StartLogging	开始记录	启动指定记录中的记录过程。在运行系统中，可通过调用"StopLogging"系统函数中断记录
StartNextLog	开始下一个记录	在分段循环记录中，停止当前记录，开始在下一个记录中记录
ClearLog	清除记录	删除指定记录文件的所有数据记录
LogTag	记录变量	将指定变量的值保存在给定的数据日志中。使用该系统函数记录特定时刻的过程值
StopLogging	停止记录	停止指定记录中的记录过程。要在运行系统中恢复记录，可选择"StartLogging"系统函数

系统函数的英文名称主要在 HMI 设备的 VB 自定义函数中使用，VBS 代码不识中文字符。在画面对象的属性巡视窗格的"事件"选项卡上，不同事件的函数列表中，可以根据 HMI 项目组态的需要选用系统函数或自定义函数，可使用的系统函数很多，如图 8-4-3 所示。

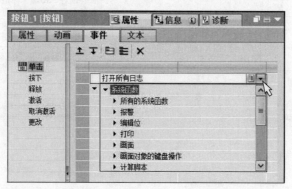

图 8-4-3　画面对象属性窗格"事件"选项卡中单击事件的可选择系统函数

图 8-4-1 所示画面按钮的事件触发执行系统函数的组态如图 8-4-4～图 8-4-6 所示。

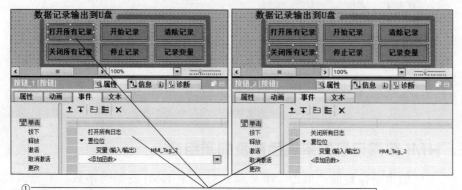

① 鼠标选中画面对象，然后在其"属性"的"事件"选项卡中定义系统函数。列表中依次执行两个系统函数，置位HMI_Tag_2是为了使边条闪烁。同理，复位此变量则停止闪烁

图 8-4-4　按钮事件数据记录系统函数的组态 1

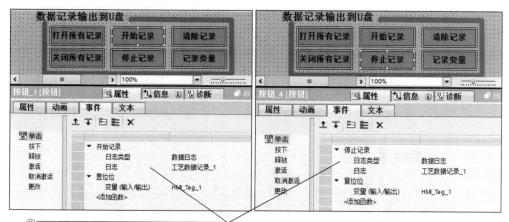

② 开始（停止）记录系统函数有参数配置，指定是数据记录而不是报警记录，并指定前面"历史数据"编辑器中创建的记录文件。同样，置位复位HMI_Tag_1是为了控制标题字符闪烁与否

图 8-4-5　按钮事件数据记录系统函数的组态 2

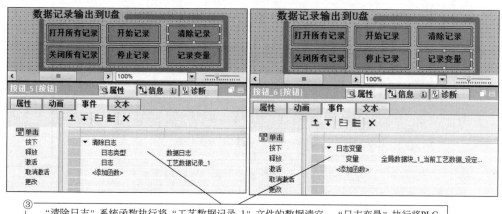

③ "清除日志"系统函数执行将"工艺数据记录_1"文件的数据清空。"日志变量"执行将PLC的另外某个变量值添加到当前数据记录文件中，例如想查看某个时点的容量值

图 8-4-6　按钮事件数据记录系统函数的组态 3

四、其他 HMI 画面对象的编辑组态

图 8-4-1 画面运行时，打开所有数据记录文件后，区域边条图形会处于闪烁状态，以示所有记录文件当前处于打开状态。其程序组态如下：

① 使用基本对象展板中的"折线"在画面工作区鼠标拖拽出图示图形，如图 8-4-7 所示。

② 鼠标点击工具栏上的"线宽"，在输入域输入线宽值。用鼠标调整线条上的移动手柄（选中线条后显示的上小方格），调整边条图形到满意为止。

③ 在折线属性→属性→闪烁组态域中选择"标准"。

④ 折线属性→动画→显示外观组态如图 8-4-7 所示。

当在 U 盘中写记录数据时，图中"数据记录输出到 U 盘"字符标签会闪烁，其编程组态同上所述，不再赘述。

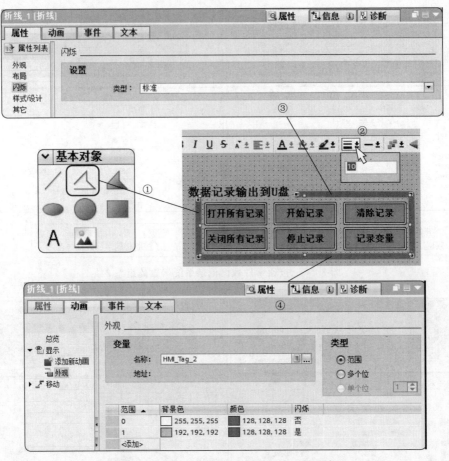

图 8-4-7　用"折线"画面对象组态区域边条

拓展练习

1. 工艺过程控制系统中，常会探讨或验证实际工况下工艺控制变量之间的关系。第一节 PLC基本指令创建的数据记录保存在数据块中，其中的数据可以看成是形成了 $Y=f(t)$ 的函数关系，Y 是记录变量，t 是时间自变量。如果自变量是其他的非时间变量，即 $Y=f(X)$ 或者 $Z=f(X，Y)$ 的变量间关系，如何通过指令程序实现数据记录。

2. 实际工况下的工艺控制系统，常会发生一些偶然性的事件或变量变化。可以尝试运用数据记录功能探赜索隐。例如整套设备的电功率在整个工艺过程中是不断变化的，如何用数据记录功能探讨当电功率超过某个预定值，相关重要工艺指标量是多少；某工艺控制指标量出现不正常变化，随后又趋于正常，变化无常，如何通过改动第一节介绍的数据记录功能程序（适用于数据量不多，现场即时查询的情况），记录异常时相关变量值情况，帮助及时查找原因或规律。

3. 当使用数据记录专有指令创建第二个数据记录文件时，其记录变量和记录变量数量都与前一个数据记录文件不同，则程序逻辑如何组织，程序代码如何编辑。

4. 采用第四节的数据记录方法，当在"历史数据"编辑器中创建了多个数据记录文件时，如何组态HMI画面，可以选择记录文件并输出到U盘中。

第九章
HMI画面图形和动画的绘制组态

第一章介绍了一个 HMI 设备"监控画面"实例在博途工程软件中的编辑组态，同时介绍了 Visio 等编辑制作图形图片软件的基本用法。本章继续以实例的方式介绍几个 HMI 设备画面图形和动画的编辑组态方法，在使用 Visio 绘制编辑图形图片时，根据实例详细介绍 Visio 的编辑绘图的操作方法；动画实例需用到 PLC 程序和 HMI 的系统函数和自编写的自定义函数时，亦结合实例具体介绍。

第一节　简约高效的矢量图制作工具——Visio ‹

在博途自动化工程软件中编辑组态画面时，需要用到图形图片等素材，西门子 WinCC 图形文件夹中提供了大量的图形素材，涉及门类众多的行业。在博途"工具箱"的"图形"展板上可以通过鼠标拖拽（或双击图形）的操作将选中的图形应用到画面中。如图 9-1-1 所示。这些图形几乎全部是矢量图形，简洁明了，带有图标特点，存储容量小，与 HMI 设备的图形显示要求契合较好。

在 HMI 项目编辑组态时，很多时候需要绘制表现更具体的、各式各样的用户设备机器部件的图形，这也是工程技术人员、电气自动化工程师经常要做的工作，此时使用 Visio 绘图编辑软件是不错的选择。

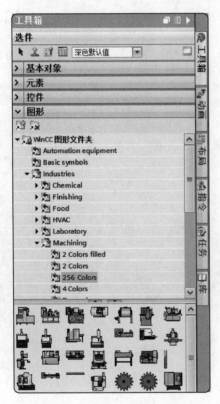

图 9-1-1　WinCC 图形文件夹

Visio 是微软公司出品的简约高效地绘制编辑矢量图形图片的软件，旨在用图形图片表达构想、方法、规划、过程和数据等，是一种用简洁、易学、易记的"图形语言"生动、高效交流传递信息的工具。与人们熟知的 Office Word/Excel/PowerPoint 等一样，都属于办公套装软件中的一员，只是通常 Visio 需要单独安装。Visio 是专门为行政事务办公人员制作的软件，因此适用面很广，不同部门、工种、专业的人员都可学习运用，且不需要专业的美术知识和美工技艺。由于与 Office Word/Excel/PowerPoint 等为"同门兄弟"，操作使用风格相近，因此易学易操作、可以快速上手。Visio 绘制编辑的图形图片美观时尚、高效成图、表达能力较强，也很适合工程技术人员编辑绘制 HMI 图形图片。

Visio 版本很多，几乎一年一版，图形图片表现力越来越好，有两类操作界面比较常用。稍早前采用的操作界面如 Visio 2003/2007，如图 9-1-2 所示。近年来版本的工作界面如 Visio 2010/2013/2016/2019 等，如图 9-1-3 所示。

西门子触摸屏等 HMI 设备支持.emf、.wmf、.gif、.png、.jpeg 等图片格式的图形显示。Visio 编辑绘制的图形可以输出的格式如图 9-1-4 所示。

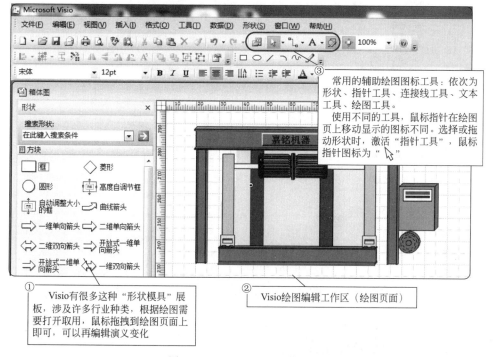

常用的辅助绘图图标工具：依次为形状、指针工具、连接线工具、文本工具、绘图工具。

使用不同的工具，鼠标指针在绘图页上移动显示的图标不同。选择或拖动形状时，激活"指针工具"，鼠标指针图标为"⇖"

① Visio有很多这种"形状模具"展板，涉及许多行业种类，根据绘图需要打开取用，鼠标拖拽到绘图页面上即可，可以再编辑演义变化

② Visio绘图编辑工作区（绘图页面）

图 9-1-2 Visio 2007 工作界面

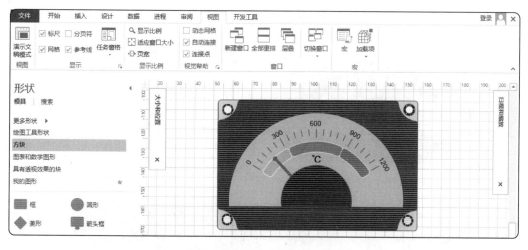

图 9-1-3 Visio 2013 工作界面

Visio2007可以输出的图片格式

绘图
绘图
模具
模板
XML 绘图
XML 模具
XML 模板
Visio 2002 绘图
Visio 2002 模具
Visio 2002 模板
可缩放的向量图形
可缩放的向量图形 - 已压缩
AutoCAD 绘图
AutoCAD 交换格式
Web 页
JPEG 文件交换格式
Tag 图像文件格式
Windows 图元文件
Windows 位图
可移植网络图形
图形交换格式
压缩的增强型图元文件
增强型图元文件

Visio2013可以输出的图片格式

Visio 绘图
Visio 模具
Visio 模板
Visio 启用宏的绘图
Visio 启用宏的模具
Visio 启用宏的模板
Visio 2003-2010 绘图
Visio 2010 Web 绘图
Visio 2003-2010 模具
Visio 2003-2010 模板
可缩放的向量图形
可缩放的向量图形 - 已压缩
AutoCAD 绘图
AutoCAD 交换格式
Web 页
JPEG 文件交换格式
PDF
Tag 图像文件格式
Windows 图元文件
Windows 位图
XPS 文档
可移植网络图形
图形交换格式
压缩的增强型图元文件
增强型图元文件
XPS 文档

其中：图形交换格式——.gif
增强型图元文件——.emf
可移植网络图形——.png

图 9-1-4　Visio 输出的图片格式

第二节　监控仪表的绘制

一、概述

本节主要学习 Visio 2007 的基本绘图操作，主要是初学者的学习。第一章拓展练习中给出了一个绘制仪表图形（如图 9-2-1 所示）的作业，本节介绍用 Visio 2007 绘制这个仪表图

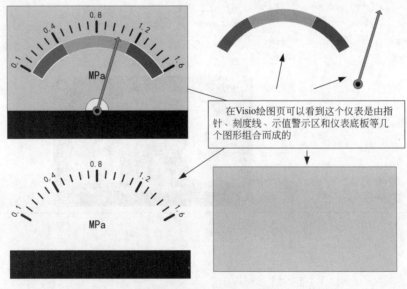

在Visio绘图页可以看到这个仪表是由指针、刻度线、示值警示区和仪表底板等几个图形组合而成的

图 9-2-1　仪表图形的组成

形。从图 9-2-1 中可以看到仪表的组成。下面介绍在 Visio 绘图页分别绘制这几个部分图形。

二、仪表底板的绘制

打开 Visio 2007 工作界面，如图 9-1-2 所示。通常"指针工具"默认呈深色激活状态，否则点击激活。

在绘制图形前，先布置一下绘图界面。选择显示需要的"形状"模具，可能需要打开多个形状展板，供随时取用形状；打开必要的浮动窗口，如"形状窗口""大小和位置窗口""扫视和缩放窗口"等，以方便绘图；展开显示常用的工具条。

仪表底板为两个矩形，打开"基本形状"模具展板，将其中的"矩形"用鼠标拖曳到绘图页上，在"大小和位置窗口"中设定大小数据；也可直接用鼠标拖动被选中的形状周围的小矩形块（变形手柄）调节形状大小，同时在"大小和位置窗口"观察形状大小及位置数据的变化，直至合适为止。然后填充颜色或图案。绘图步骤和说明如图 9-2-2 所示。绘制好两

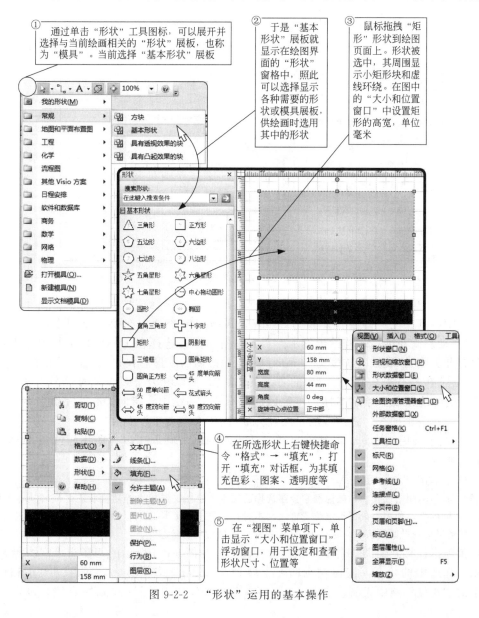

图 9-2-2 "形状"运用的基本操作

189

个表示仪表底板的矩形。

三、刻度线

绘制刻度线如图 9-2-3～图 9-2-5 所示。

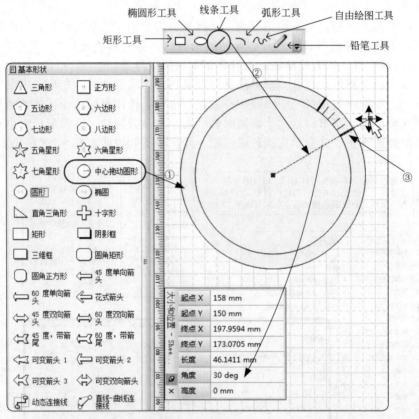

图 9-2-3　绘制刻度线图一

① 将"基本形状"模具中的"中心拖动圆形"形状鼠标拖拽到绘图页，在"大小和位置"窗口中将其长度（即半径）设为 38mm；再拖出一个圆放在第一个圆上，圆心点重合（软件会自动黏附对准点，并给出提示。对齐黏附功能可选择在工具栏显示其图标工具组并可随时打开关闭），设定其长度为 32mm。注意后绘制的图形总在先绘制的图形的上方。

② 鼠标单击"绘图工具"组中的"线条工具"，使鼠标处于画线条的状态，鼠标指针图形变为带有短直线的小十字图标。将鼠标指针图形十字线中点指向圆心，左键向右上方拖拽出一条直线作为辅助线，将该线的角度设为 30deg，如图 9-2-3 所示。

③ 在两个圆周线之间，沿辅助直线，从小圆周到大圆周用鼠标画出短线段，并将短线段设置为粗线条。

④鼠标单击"指针工具"，使鼠标回到选择调整状态。

注意：在编辑制图过程中，鼠标经常会在选择、文本、绘图、连接线等功能状态之间转换，不同的状态可以干不同的事，如需要鼠标指定位置输入文本时，则点击"文本工具"，文本输入完毕，则点击"指针工具"，回到鼠标选择调整状态，这是 Visio 中鼠标操作最常用的状态。

将鼠标指针移到辅助线右端，鼠标指针图形变为图 9-2-4 所示的四箭头十字图标，Visio 中表示目标选中的状态，按住左键向左上转动至 36deg，若有误差，可在"大小和位置窗口"中的"角度"项中设置。鼠标激活"线条工具"，在两圆周间画短直线，设定长度为

4mm，且为细实线。以此类推，每隔 6deg 转动辅助线，绘制短直线，有粗有细，如图所示，将不用的圆、辅助线等分别选中，点击"Delete"键删除。

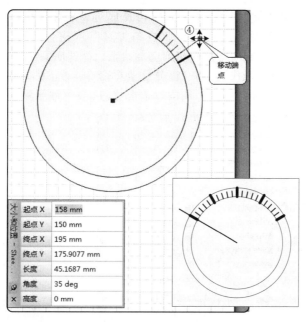

图 9-2-4　绘制刻度线图二

⑤鼠标点击"文本工具"图标工具，绘图页面上的鼠标指针图形改变为如图 9-2-5 所示的状态。用鼠标在页面空白处拖拽出文本矩形输入域，键盘输入 0.1 字符，调整字体为"黑体"，字号 12pt，鼠标点击"指针工具"图标，回到选择调整状态，鼠标单击选择图中的 0.1 字符，移动鼠标到旋转手柄上，鼠标指针成图示旋转箭头线时，移动鼠标，使字符转动到 60deg 止，然后用鼠标移动字符 0.1 到图示位置。照此逐一编辑。结果如图 9-2-5 中⑥所示。

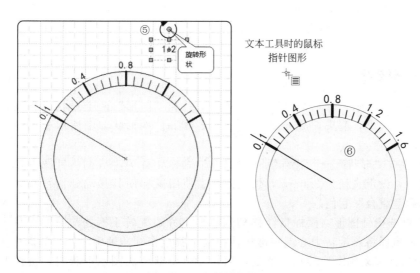

图 9-2-5　绘制刻度线图三

四、示值警示区

示值警示区表示仪表示值不足、正常和超过。

如前所述，从"形状"窗格"基本形状"模具展板先后拖拽出两个圆形，半径长度为31mm 和 25mm，中心对正叠放。然后用"线条工具"画出四条辅助直线，角度分别为150deg、120deg、60deg 和 30deg。鼠标回到选择状态，框选所画的这些图形，如图 9-2-6 所示。单击执行"形状"——→"操作"——→"拆分"菜单命令。Visio 将把这些圆、线等图形进行拆解。用鼠标选中不要的部分图形、线段，单击"Delete"键删除，留下有用的图形。

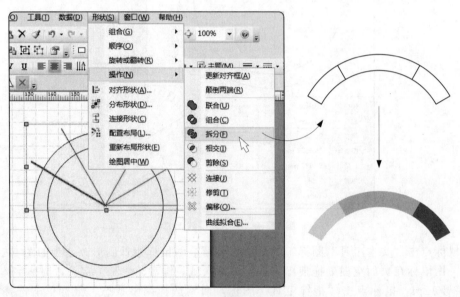

图 9-2-6　示值警示区的绘制

鼠标分别选择这三个弧形块，执行"格式"下的"线条"和"填充"命令修饰优化即可。

鼠标框选示值警示区的三个弧形块。执行菜单或右键快捷菜单中的"形状"→"组合"→"组合"命令，将所选图形组合成一个整体，方便下面的移动、复制等操作。包括前述的绘制好的刻度线，也组合成一个整体，方便作为图形部件使用。

五、绘制指针

① 如图 9-2-7 所示。分别将"45 度单向箭头"和"圆形"两个形状拖到画板中，使用鼠标调整它们的大小，箭头长 25mm，小圆直径 4mm。两形状如图所示叠放在一起。鼠标框选这两个图形。

② 点击执行"形状"→"操作"→"联合"命令，并为生成的指针图形填充颜色。再拖拽一个圆形，设定直径为 2.6mm，填充黑色。使用鼠标使其移动到指针圆轴上，自动黏附对齐。然后"组合"它们。

③ 鼠标框选指针图形，鼠标指针移动到图形上方的旋转手柄处，图形上显示"旋转中心"标记点，鼠标将该旋转中心点左键按住拖动下移至指针转轴中心处，如图中④所示。

④ 鼠标指针移动到图形转动手柄处，鼠标指针形状变为图示形状时，按住左键移动鼠标，可以看到指针将以其转轴中心为圆点旋转转动。

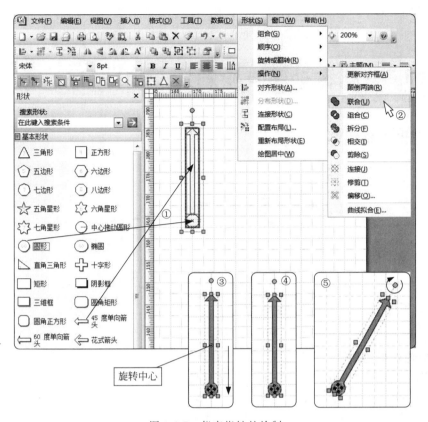

图 9-2-7　仪表指针的绘制

六、图形合成

如图 9-2-8 所示。鼠标将前面分别绘制的仪表部件图形移动到一起，叠放组合。

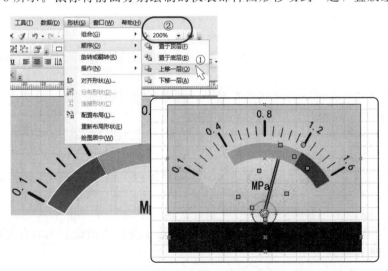

图 9-2-8　仪表图形的合成

① 若发生叠放覆盖的情况，可选中图形，执行图示上移或下移一层的操作，或直接将其置于顶层或底层。

② 移动对齐对准部件时，可选择缩放比例，以观察细节或整体图形。

提示：Visio 2007 中，按住 Ctrl 键，调节鼠标滚轮也可缩放绘图页面。

第三节　皮带传动图片绘制及 HMI 动画组态

一、图形素材绘制

如图 9-3-1 所示，先用 Visio 2007 绘制这个图形。

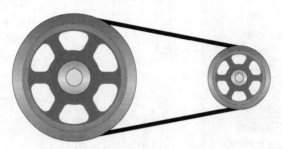

图 9-3-1　皮带传动图形

1. 皮带轮轮毂绘制

① 如图 9-3-2 所示，从"基本形状"模具展板分别拖出三个"圆形"，叠放在一起，注意图中它们的圆心坐标相同（表示对齐了），大小分别为 45mm、38mm、33mm。框选这三个圆形。如图执行"拆分"命令，生成两个圆环和一个圆。

② 执行"格式"菜单下的"填充"命令，将两个圆环填充带图案的颜色。

③ 在绘图页空白处，从展板分别拖拽出三个"中心拖动圆形"，长度（半径）大小分别为 20mm、17mm、8mm，对齐叠放在一起。鼠标用"线条工具"从圆心向外分别画两条直线，角度分别为 4deg、41deg。鼠标点击"指针工具"，回到选择状态，框选三个圆和两条直线。

④ 单击执行"拆分"图标工具，将所选图形拆分。

⑤ 如图 9-3-3 所示，将拆分不用的形状删除，选中需要的图形，将该图形的旋转中心移到圆心处。

⑥ 执行"格式"菜单下的"线条"命令，在随后弹出的"线条"对话框中选择图形四角为圆形。然后执行"填充"命令，填充白色。

记住当前该图形的 X、Y 位置坐标和角度。按住"Ctrl"键，拖动鼠标复制 5 个该图形。

⑦ 依次分别选中复制的图形，在"大小和位置窗口"输入相同的坐标值，但角度分别为 60deg、120deg、180deg、240deg 和 300deg。六个图形将成圆形均布放置。

⑧ "组合"这 6 个均布的图形，在其下面拖放一个直径 40mm 的圆形，对正中心。鼠标框选，执行"拆分"命令。删除 6 个镂空处的图形，为留下的轮形图填充颜色即可。

2. 皮带轮轴孔绘制

① 如图 9-3-4 所示，为放大绘制图形，将页面显示比例调到 400%。从"基本形状"模具板上分别拖出"中心拖动圆形"两个，大小（半径）为 6mm、3mm。鼠标拖出"矩形"一个，宽 1.5mm、高 3mm。将三个图形如图示对齐叠放。框选这三个图形。

② 进行"拆分"操作。删除拆分后不用的图形，得到轴孔图。

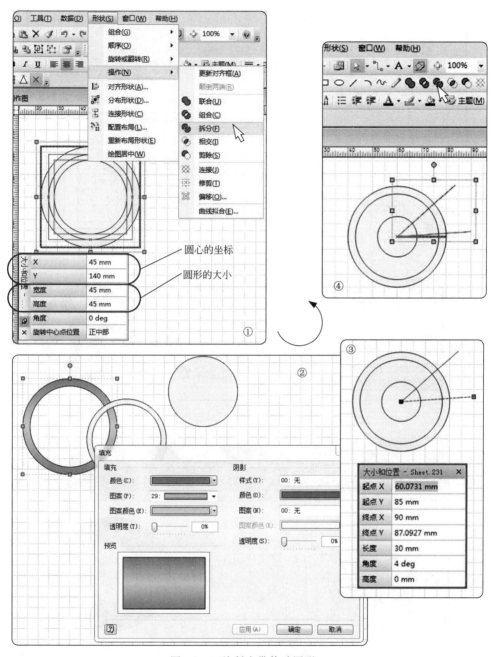

图 9-3-2　绘制皮带传动图形 1

③ 执行"填充"命令，为图形填带有亮光效果图案的颜色。

3. 皮带传动图合成

如图 9-3-5 所示，将前面绘制的部件图形用鼠标拖曳到一起对齐对正，可以根据大小位置浮动窗口设置位置，也可以框选全部图形，执行"形状"菜单下的"对齐形状"命令，在弹出的对话框中先后选择"垂直居中"和"水平居中"项进行对齐操作。

"组合"对齐的形状组成为皮带轮，选择该皮带轮，按住"Ctrl"键，水平拖动复制皮带轮到旁边，在大小位置窗口将其长宽皆设定为 22.5mm，生成一个小皮带轮，如图 9-3-5 所示。

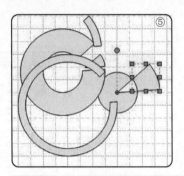

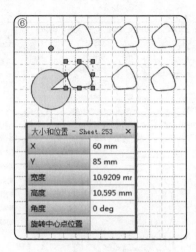

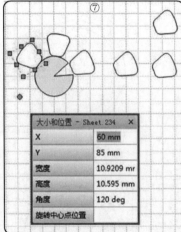

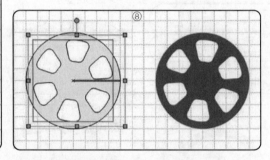

图 9-3-3　绘制皮带传动图形 2

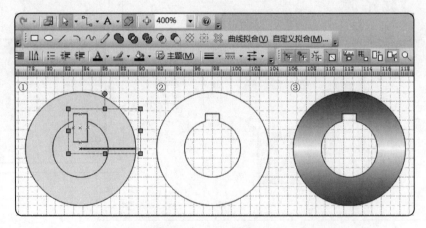

图 9-3-4　绘制皮带轴孔

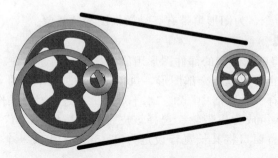

图 9-3-5　皮带传动图合成

绘制两条直线，加粗线形，移动到两个皮带轮下层，可使用"置于底层"命令。结束绘制图 9-3-1 所示图形。

二、动画帧制作

如图 9-3-6 所示，可以在 Visio 中新建一个页面，将带传动图复制到此页。

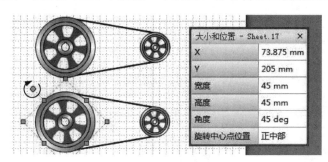

图 9-3-6　第二帧皮带传动图制作

复制出第二个图形，将大轮旋转 45deg，小轮同向旋转 90deg；复制出第三个图形，大轮旋转 45deg，小轮同向旋转 90deg，以此类推，共制作 8 个皮带轮转角不同的图形，如图 9-3-7 所示，形成 8 帧带传动图。

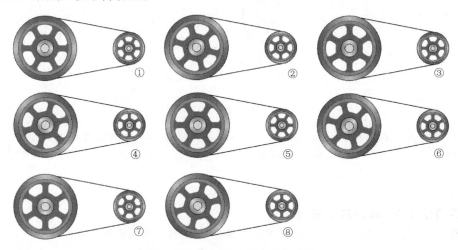

图 9-3-7　共制作 8 帧皮带传动图

再建一个空白页，将第一个图形复制过来，单击"文件"菜单项下的"另存为"命令，弹出"另存为"对话框，选择保存类型为"JPEG 文件交换格式"，命名为"带传动图 1"保存到文件夹中，重复此操作，注意标明图片名序号，共保存 8 张图片，每张图片大小 4.5kB。

三、HMI 设备中组态

1. 编辑组态带传动图形列表

将图片输入博途中的途径有多种。

打开博途软件，新建一 HMI 项目，双击打开 HMI 项目中"文本和图形列表"编辑窗格。如图 9-3-8 所示。点击打开"图形列表"选项卡。

① 定义一个图形列表名字，如 Graphic_list_4。

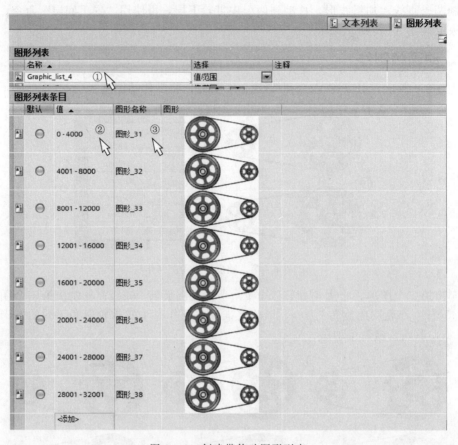

图 9-3-8　创建带传动图形列表

② 在"图形列表条目"窗格的"值"输入域输入图 9-3-8 所示数值。

③ 双击"图形名称"输入域，在弹出的输入框中，单击打开前述保存 8 张带传动图片的文件夹，如图按图片编号输入图片。

如图示顺次输入 8 张图片，建立一个图形列表。

2. 带传动 HMI 画面的编辑组态

如图 9-3-9 所示，将"元素"展板中的"图形 I/O 域"拖拽到画面中。

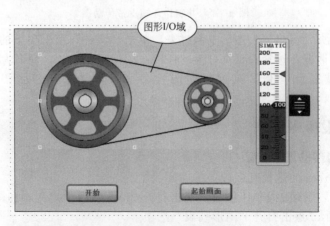

图 9-3-9　带传动 HMI 画面组态

在"图形 I/O 域"属性巡视窗格中，单击打开"布局"属性项，选择其中的"调整对象大小以适合图形"选项。

如图 9-3-10 所示，在"图形 I/O 域"属性的"常规"属性项中，组态前面创建的图形列表"Graphic_list_4"，为"图形 I/O 域"组态过程变量"Tag_2"。

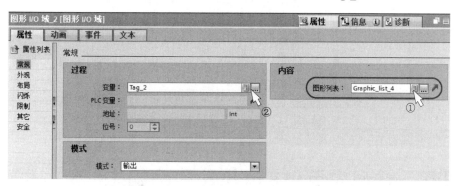

图 9-3-10　"图形 I/O 域"组态图形列表

回到图 9-3-9，从"元素"展板拖拽出一个"滑块"对象，其常规属性组态如图 9-3-11 所示，为其组态一个过程变量。

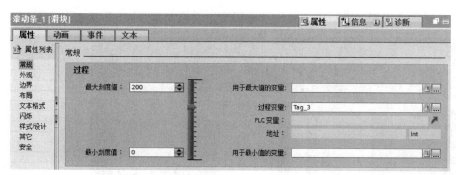

图 9-3-11　滑块的常规属性

"Tag_2"和"Tag_3"在 VB 自定义函数中要用到。

画面中组态一个按钮，用于启动皮带轮转动。

3. 编制 VB 自定义函数

如图 9-3-12 所示，新添加一个 VB 函数，命名为"belttra"，输入图示代码。

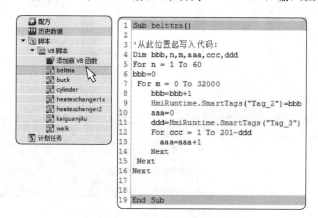

```
1  Sub belttra()
2
3  '从此位置起写入代码:
4  Dim bbb,n,m,aaa,ccc,ddd
5  For n = 1 To 60
6  bbb=0
7   For m = 0 To 32000
8     bbb=bbb+1
9     HmiRuntime.SmartTags("Tag_2")=bbb
10    aaa=0
11    ddd=HmiRuntime.SmartTags("Tag_3")
12    For ccc = 1 To 201-ddd
13      aaa=aaa+1
14    Next
15  Next
16 Next
17
18
19 End Sub
```

图 9-3-12　编写 VB 脚本代码

4. 为图中按钮组态 VB 自定义函数

如图 9-3-13 所示。在运行画面中，单击按钮，则皮带轮转动，移动滑块，则调节转速。

图 9-3-13　按钮"单击"事件的函数

第四节　管道中流体的 HMI 动画组态

一、概述

本节讲述管道中液（气）体流动的动画制作，效果如图 9-4-1 所示。

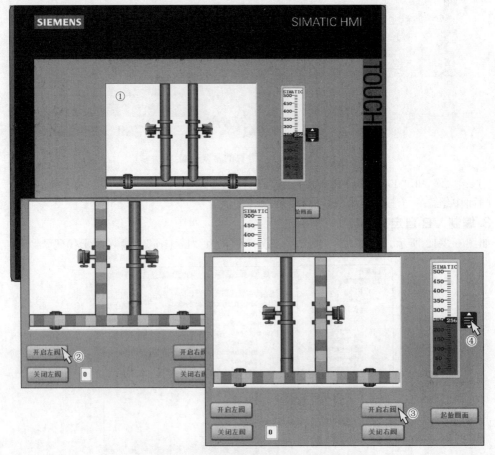

图 9-4-1　触摸屏管道液（气）体流动

① 表示静止状态。电磁阀门指示杆横向放置表示关闭，指示灯不亮。

② 单击图中的"开启左阀"按钮，左侧管道中有液体流动，如图示。向下，向左右流动。单击"关闭左阀"，停止流动，回到静止状态。

③ 单击图中"开启右阀"按钮，右侧管道中有液体流动，同样，向下，向左右流动。单击"关闭右阀"，停止流动，回到前面的静止状态。

④ 在流体流动的时候，调节"滑块"，可以调节流速。

二、图形素材绘制

如图 9-4-2 所示，本节仍用 Visio 2007 绘制管道图形，这个版本用得比较多，菜单式命令界面，对于初学者来说，熟悉 Office 2007 操作的，较容易学 Visio 2007。

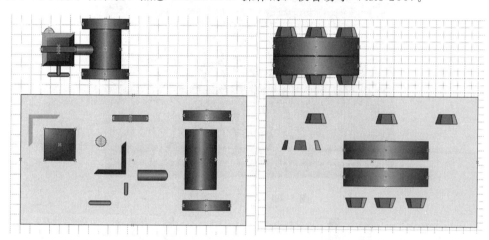

图 9-4-2　Visio 绘制阀门、法兰示意图

1. 绘制管节、阀门部件示意图

画面上的管件主要有电磁气动阀门、直管、法兰和三通。直管由矩形填充图案颜色获得，高度（这里表示管径）为 8mm，其他图形绘制时，保持管径皆为 8mm，便于图形组合。三通由两个直管组合而成，其中的相贯线是由圆和矩形联合获得，填充颜色即可。

如图 9-4-2 所示，这里分解阀门和法兰的绘制过程。读者根据上一节的操作介绍，可练习绘制。

图形对齐排列、拼接或组合时，选中图形，单击键盘上的四个方向键，可实现图形的快速移动；也可按住"Shift"键，单击键盘上四个方向箭头键实现画面图形的轻微移动，便于准确调整图形位置。更准确的位置大小调节可在浮动窗口输入坐标值或大小数据。读者根据具体图形操作选用。这同博途软件中画面对象移动对齐的操作几乎一样。

2. 管道图形合成和动画帧制作

在绘图页空白区，先复制得到的四个阀门图形，采用图 9-4-3 所示旋转图形的方法将左侧两个阀门上的指示杆部件选中旋转 90deg。指示标志也可画成箭头形式。

将第二、第四个阀门图形选中，快捷键（Ctrl＋H）水平翻转，得到如图 9-4-3 所示图形。

将所绘制的图形部件组合拼接成图 9-4-4 所示图形，并用"组合"命令使部件图形组合，这样便于移动、复制，不会使图形失位变形。

动画帧共有 7 幅，第一幅如图 9-4-4 所示，图名幅 1。

其余 6 幅如图 9-4-5 所示。

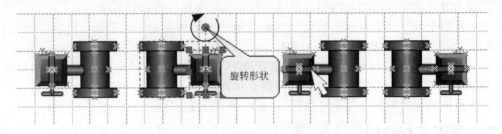

图 9-4-3　Visio 编辑阀门图形

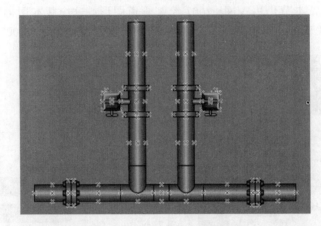

图 9-4-4　管道合成图形

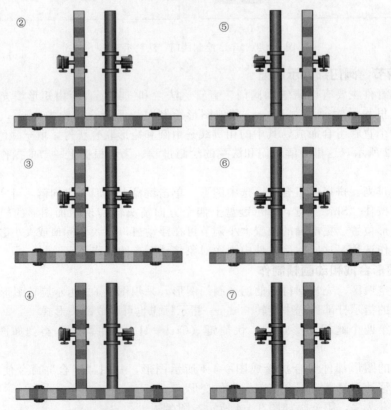

图 9-4-5　管道流体动画帧 2～7 幅

在 Visio 中新建一页，将图 9-4-3 和图 9-4-4 复制过来，更换左侧管路上的阀门如图 9-4-5 幅 2 所示。做法是记住更换前该阀门的位置坐标（大小和位置窗口中显示），然后删除，复制一个图 9-4-3 中左侧的第一个阀门，在其大小位置窗口设置刚才所记的坐标值，软件自动将之移到管路上正确位置实现更换。

在管道上添加覆盖矩形色块，幅 2～幅 4 采用赭黄色（或自选），幅 5～幅 7 采用墨绿色。每种色采用由浅到深的三种渐变色，排列如图所示。注意幅 2～幅 4 色块的排布顺序，按照液体流动方向色块前移一个块位置形成幅 2～幅 4。幅 5～幅 7 同理。

将幅 1～幅 7，依次复制到一个空白绘图页，分别另存为.png 图片格式，保存到文件夹中。

注意：无论在绘图时，还是存为格式图片时，图形图片尺寸大小要一样。

三、HMI 设备中组态

1. 编辑组态图形列表和变量表

如图 9-4-6 所示，创建"管道流体"图形列表，从上到下的图片对应前文创建的图形"幅 1"～"幅 7"，为每张图表输入图示的值。

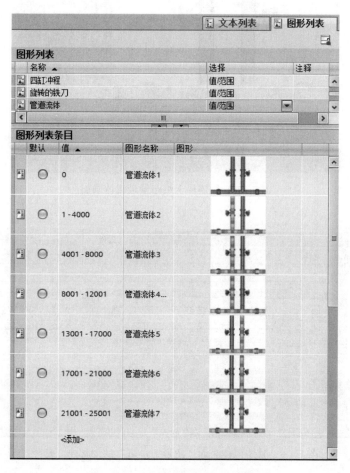

图 9-4-6 "管道流体"的图形列表

在 HMI 项目变量表中添加几个变量，如图 9-4-7 所示。

默认变量表				
名称 ▲	数据类型	连接	PLC 名称
HMI_Tag_1	Int	<内部变量>	
Tag_2	Int	<内部变量>	
Tag_3	Int	<内部变量>	
Tag_4	Bool	<内部变量>	
Tag_5	Bool	<内部变量>	
<添加>			

图 9-4-7　管道流体项目变量表

2. 管道流体动画 HMI 画面的编辑组态

组态如图 9-4-8 所示的触摸屏画面，为图中的"图形 I/O 域"组态前面创建的"管道流体"图形列表，如图 9-4-9 所示，并配置过程变量"Tag _ 2"。

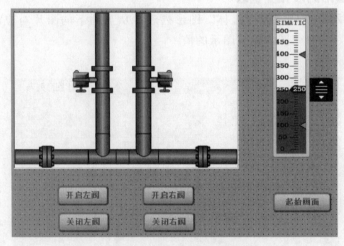

图 9-4-8　触摸屏上组态管道流体画面

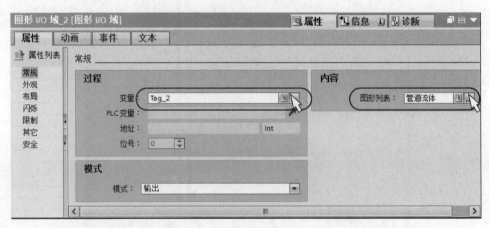

图 9-4-9　管道流体画面"图形 I/O 域"的"常规"属性

为图 9-4-8 中滑块属性组态参数如图 9-4-10 所示。

滑块的过程变量为"Tag_3"，这同"图形I/O域"的"Tag_2"等变量都将在VB函数代码中使用。

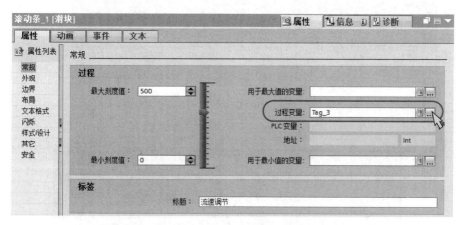

图 9-4-10　管道流体画面滑块的属性组态

3. VB 自定义函数代码

在 HMI 项目"脚本"编辑器中，添加两个 VB 函数，命名为"fluidleft"和"fluid-right"，分别编写代码如图 9-4-11 所示。

```
1  Sub fluidleft()
2
3  '从此位置起写入代码:
4  Dim bbb,n,m,aaa,ccc,ddd,eee
5  For n = 1 To 40
6  bbb=0
7   For m = 0 To 12000
8      bbb=bbb+1
9      HmiRuntime.SmartTags("Tag_2")=bbb
10     aaa=0
11     ddd=HmiRuntime.SmartTags("Tag_3")
12     For ccc = 1 To 501-ddd
13       aaa=aaa+1
14     Next
15  Next
16  eee=HmiRuntime.SmartTags("Tag_4")
17  If eee Then n=40
18  Next
19     HmiRuntime.SmartTags("Tag_2")=0
20  End Sub
```

```
1  Sub fluidright()
2
3  '从此位置起写入代码:
4  Dim bbb,n,m,aaa,ccc,ddd,eee
5  For n = 1 To 40
6  bbb=13000
7   For m = 13000 To 25000
8      bbb=bbb+1
9      HmiRuntime.SmartTags("Tag_2")=bbb
10     aaa=0
11     ddd=HmiRuntime.SmartTags("Tag_3")
12     For ccc = 1 To 501-ddd
13       aaa=aaa+1
14     Next
15  Next
16  eee=HmiRuntime.SmartTags("Tag_5")
17
18  If eee Then n=40
19  Next
20     HmiRuntime.SmartTags("Tag_2")=0
21
22  End Sub
```

图 9-4-11　VB 函数"fluidleft"和"fluidright"的程序编制

4. 为图中按钮组态事件 VB 函数

图 9-4-8 中四个按钮的单击事件组态如图 9-4-12 所示。

保存编译以上的组态编程，仿真动画效果，如本节"概述"所述。

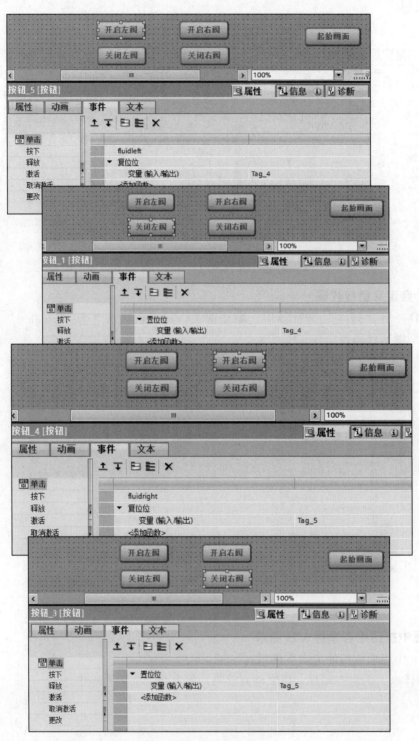

图 9-4-12　按钮事件的组态

第五节　输送带及动画组态

一、概述

本节用 Visio 2013 绘制编辑输送带动画的素材图片，如图 9-5-1 所示。

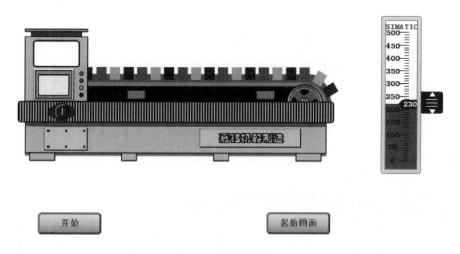

图 9-5-1　输送带画面

单击"开始"按钮，输送带运转，调节滑块，速度变化。

二、Visio 2013 简述

比较图 9-1-2 和图 9-1-3，Visio 2013 采用功能板操作界面，菜单下不是下拉命令列表，而是罗列工具图标的功能板，编辑或绘图操作相关或相近的功能命令图标放在一个功能板上。如图 9-5-2 所示，例如"开始"功能组下有"剪贴板""字体""段落""工具""形状样式"和"排列"等功能板，功能板上的图标工具命令的作用同 Visio 2007 基本相同。

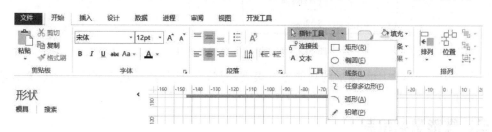

图 9-5-2　Visio 功能板式操作界面

需要鼠标自由绘图时，可以如图示点击展开绘图工具。鼠标选择不同的绘图工具在绘图页面绘制矩形、椭圆、线条、任意多边形、弧形等。

需要应用 Visio 提供的"形状"时（这是 Visio 高效制图常用的操作），可从打开的"形状"模具板选择拖拽形状到绘图页面，进行调整大小位置、图形变换和组合、对齐排列叠放、填充图案颜色、处理图形效果等编辑创作。这些操作的基础内容大部分同 Visio 2007 一样，但是扩充、细化了一些编辑功能，使其具有了专业绘图软件的特色。

打开"形状"窗格，如图 9-5-3 所示。默认情况下是打开的。

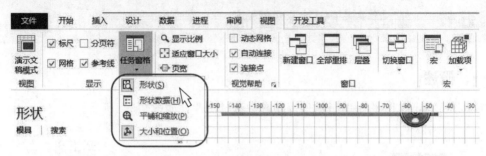

图 9-5-3　打开辅助绘图相关窗口

Visio 2013 的"形状"窗格与 Visio 2007 有些不同，如图 9-5-4 所示。

图中的"更多形状"可以单击展开查找选择更多种类的"形状"（也称模具选择）。

选中的模具名显示在其下的形状类别名称显示区，单击其中的"基本形状"等，"基本形状"的所有具体形状即显示在其下的展板显示区。这比 Visio 2007 的操作要方便了许多。

图 9-5-4　"形状"窗格的操作

Visio 2013 的编辑绘制图形的功能也有很大提高，一些特点将在下面结合图形素材绘制过程进行介绍。

三、图形素材绘制

Visio 2013 绘制图 9-5-1 所示的输送带机构图形。

1. 机架绘制

在"形状"窗格打开"基本形状"模具展板。打开显示"大小和位置"浮动窗口。

将"矩形"形状拖拽到绘图页，设置宽度为 120mm，高度为 12mm。为矩形编辑阴影效果，需要打开"效果"选项板（所选形状的属性设置选项板），在所选形状的右键快捷命令菜单上，点击执行"设置形状格式"命令，即在工作界面右侧显示"设置形状格式"窗格，该窗格内有"填充和线条"和"效果"两个图标，点击打开"效果"图标选项板，如图

9-5-5 所示。图中给出了为该表示机架裙围板的矩形设置阴影效果的属性参数，不再细述，读者可以设置调节参数，观察形状的效果变化。

　　同样，为表示机架台的矩形也设置阴影效果，注意阴影大小为 95％，可以看到阴影变短了一些。矩形四角修圆、填充图案颜色等操作是在"填充和线条"选项板中进行的。然后，组合成机架示意图。

　　Visio 2013 可以编辑设置的选项比 Visio 2007 多了不少，从而可以编辑绘制出更美观逼真的图形。

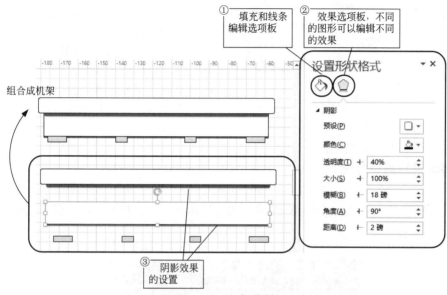

图 9-5-5　机架绘制

2. 传动部件绘制

① 如图 9-5-6 所示，从"基本形状"模具展板拖拽出 2 个矩形，大小分别为 88mm×16mm 和 120mm×8mm。拖拽出一个圆形，直径 16mm。鼠标移动组合在一起。

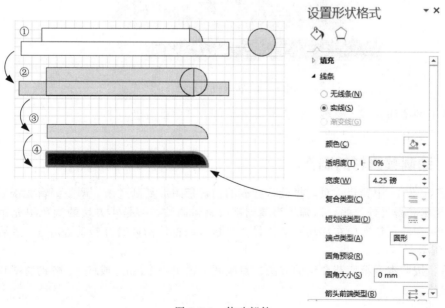

图 9-5-6　传动部件

② 全选拼合成的图形，执行"开发工具"→"操作"→"拆分"命令。

③ 将不用的图形删除，得到所需图形。

④ 选中所需图形，在右侧的"设置形状格式"窗格，打开"填充和线条"选项板，在"线条"属性项下，设置线条宽度为 4.25 磅，并设置线条颜色。在"填充"属性项下，为当前图形填充黑色。

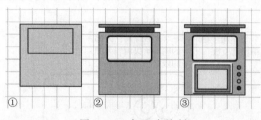

图 9-5-7　加工仓绘制

3. 加工仓绘制

① 如图 9-5-7 所示，将 2 个矩形叠放在一起，大小分别为 25mm×25mm 和 18mm×10mm。

② 全选拼合成的图形，执行"开发工具"→"操作"→"剪除"命令，从而镂空出观察窗，设置线条属性，修圆四角，填充颜色或图案。再配置 2 个矩形，调整大小放在图形上方，作为上盖。

③ 绘制编辑操作面板和按钮等。

4. 传动机构编辑合成

如图 9-5-8 所示，将上面所绘图形用鼠标移动合成。传动轮的绘制方法参见本章第三节的内容。传动带上的小矩形方块依次填充深灰、中灰和浅灰三种颜色，顺次逐个添色。

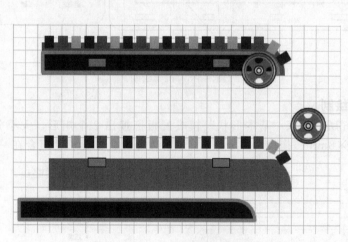

图 9-5-8　传动机构编辑合成

机架上的检修孔板、铭牌、转换开关等，读者可以试着做一下。

最后，组合成图 9-5-1 所示图形。

四、动画帧素材的制作

在 Visio 2013 中新建一页，将最后合成的输送带图形复制过来。调整编辑无误后作为幅 1。通过复制获得另外 5 幅，以幅 1 为基础略做编辑调整，一是小方块的颜色填充每幅按照深灰、中灰和浅灰依次向左移动一个位置；二是传动轮每幅逆时针转动 60deg。最后效果如图 9-5-9 所示。

然后，按照本章第四节介绍的方法，每幅图形输出一个.png 或.jpeg 格式的图片，结果共 6 张图片。

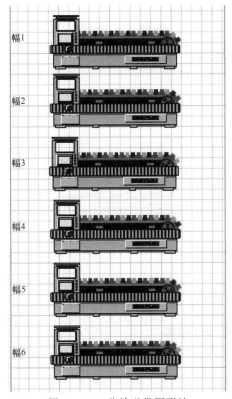

图 9-5-9　6 张输送带图形帧

五、HMI 设备中组态

1. 编辑组态图形列表

如图 9-5-10 所示为图形列表。

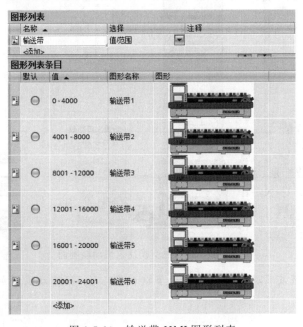

图 9-5-10　输送带 HMI 图形列表

2. 输送带 HMI 画面的编辑组态

同前述的做法一样，在 HMI 项目中组态如图 9-5-1 所示的画面。

3. VB 自定义函数代码

VB 函数的代码编制如图 9-5-11 所示。

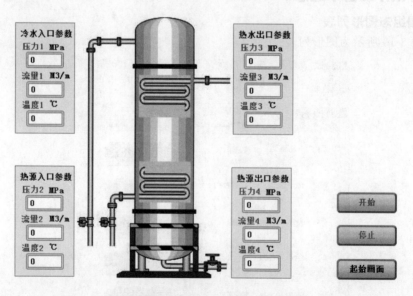

```
1  Sub conbelt()
2
3  '从此位置起写入代码:
4  Dim bbb,n,m,aaa,ccc,ddd
5  For n = 1 To 40
6  bbb=0
7   For m = 0 To 24000
8      bbb=bbb+1
9      HmiRuntime.SmartTags("Tag_2")=bbb
10     aaa=0
11     ddd=HmiRuntime.SmartTags("Tag_3")
12     For ccc = 1 To 501-ddd
13        aaa=aaa+1
14     Next
15  Next
16 Next
17
18 End Sub
```

图 9-5-11　输送带 VB 函数代码

4. 为图中按钮组态事件 VB 函数

为图 9-5-1 中的按钮的单击事件组态 VB 函数。

编译保存所做的编程组态工作，仿真查看画面效果。

 拓展练习

1. 试一试编辑组态如图 9-6-1 所示的热交换反应塔的 HMI 动画画面。

冷水入口参数
压力1 MPa
[0]
流量1 M3/m
[0]
温度1 ℃
[0]

热水出口参数
压力3 MPa
[0]
流量3 M3/m
[0]
温度3 ℃
[0]

热源入口参数
压力2 MPa
[0]
流量2 M3/m
[0]
温度2 ℃
[0]

热源出口参数
压力4 MPa
[0]
流量4 M3/m
[0]
温度4 ℃
[0]

开始
停止
起始画面

图 9-6-1　HMI 热交换反应塔动画画面

2. 试一试为第三节皮带轮转动（或第六节输送带）的 HMI 动画增加停止按钮、点动按钮的功能动画效果。